ChatGPTで学ぶ
Node.js & Webアプリ開発

Tuyano SYODA
掌田津耶乃

秀和システム

サンプルのダウンロードについて

サンプルファイルは秀和システムのWebページからダウンロードできます。

●サンプル・ダウンロードページURL

https://www.shuwasystem.co.jp/support/7980html/7319.html

ページにアクセスしたら、下記のダウンロードボタンをクリックしてください。ダウンロードが始まります。

ダウンロード

●注　意
1. 本書は著者が独自に調査した結果を出版したものです。
2. 本書は内容において万全を期して制作しましたが、万一不備な点や誤り、記載漏れなどお気づきの点がございましたら、出版元まで書面にてご連絡ください。
3. 本書の内容の運用による結果の影響につきましては、上記2項にかかわらず責任を負いかねます。あらかじめご了承ください。
4. 本書の全部または一部について、出版元から文書による許諾を得ずに複製することは禁じられています。

●商標等
・本書に登場するシステム名称、製品名は一般に各社の商標または登録商標です。
・本書に登場するシステム名称、製品名は一般的な呼称で表記している場合があります。
・本文中には©、™、®マークを省略している場合があります。

はじめに

　Webの開発を行いたいと考えるなら、おそらく多くの人は「HTML ＋ JavaScript」でアプリを作成することから始めるはずです。が、ある程度学習が進み、ちょっとしたものが作れるようになったところで、大きな壁が立ちふさがっていることに気がつくでしょう。

　HTML ＋ JavaScriptでは、より高度な処理を行うのに必要な機能が全く足りないのです。本格的なアプリ開発ともなれば、多量の複雑なデータを扱うことになるでしょう。そのためには、例えばファイルアクセスやネットワークアクセス、データベースアクセスなどといった技術を習得しなければいけません。

　しかし、こうしたものは、Webページで動いているJavaScriptでは利用がとても難しいのです。これらをフル活用するためには、サーバー側のプログラム開発について学ぶ必要があります。

　本書は、JavaScriptで本格的なプログラム作成を行いたい人のための入門書です。Node.jsというJavaScriptエンジンを使い、コマンドプログラムやサーバープログラムの作成について学んでいきます。またサーバーとクライアント（Webブラウザ）の間で連携して高度な処理を行うための技法についても説明をします。

　こうしたサーバー開発の技術は、普通のWebページの作成などよりはるかに難解です。説明を読み進めていけば、「これってどういう意味だろう？」「もっと具体的な例は？」などとさまざまに疑問が沸き起こるはずです。

　そこで本書では、Node.jsによるプログラミングについて、生成AIの力を借りることにしました。生成AIに質問をして説明をしてもらったり、サンプルコードを作ってもらいながら学習を進めていきます。プロンプトはすべて掲載しておくので、自分でAIに再質問しながら読み進めていきましょう。

　また、学習しながらでも、わからないことがあれば生成AIに尋ねながら進めて下さい。本書では「こんなときはAIに聞こう」というポイントをまとめてあります。Node.jsを学習すると同時に、「どうやって生成AIを使って学習していくか」というプロンプト技術も、そして得られたAIの応答をどう利用していくかも学んでいきます。

　もはや、プログラミングの学習にAIは不可欠といっていいでしょう。本書と生成AIで、効率よくNode.jsプログラミングを学びましょう！

2024.08　掌田津耶乃

Contents

目　次

Chapter1　Node.js と ChatGPT　　　9

1-1　サーバー開発の準備をしよう　　10
Webページの限界　10
サーバー開発にはNode.js ！　13
用意するもの　13
Node.jsを用意する　14
Visual Studio Code を用意する　16
AI利用の準備は？　16

1-2　Node.jsを使ってみよう　　19
Node.jsの使い方は？　19
AIに質問する際のポイント　23
Visual Studio Code でフォルダーを編集する　24
エディタを使おう　26
ターミナルを使う　29
開発の準備は整った！　31

Chapter2　コマンドプログラムで基本を覚えよう　　33

2-1　コマンドプログラムを作ろう　　34
コマンドプログラムを作る　34
シンプルな計算コード　35
コマンドライン引数を使う　38
いくつもの値が引数で渡される　42

2-2　インタラクティブなプログラム　　48
テキストを入力するには？　48
readlineで入力する　53
コードの流れを調べる　54
もっと簡単に入力したい！　56
外部パッケージを利用する　57
パッケージをインストールする　59
readline-syncを使ってみる　63
question以外にもあるメソッド　66

4

目 次

Chapter3　データアクセスを考えよう　69

3-1　ファイルの書き出し………………………………………70
ファイルに値を保存する……………………………………………70
writeFileでファイルに保存する……………………………………71
日本語が文字化けする！……………………………………………73
writeFileSyncで同期書き込みする…………………………………74
ファイルに追記する…………………………………………………75

3-2　ファイルの読み込み………………………………………80
テキストファイルを読み込む………………………………………80
readFileで非同期に読み込む………………………………………80
readFileSyncで同期処理する………………………………………83
1行ずつ処理をする…………………………………………………85
行ごとにナンバーリングする………………………………………88

3-3　ネットワークアクセス……………………………………91
ネットワークアクセスとfetch関数…………………………………91
async/awaitを使った同期処理………………………………………97
http/httpsを利用する………………………………………………99
http/httpsの注意点…………………………………………………103

Chapter4　Webサーバーの基本を覚える　105

4-1　Node.jsのサーバープログラム…………………………106
サーバープログラムを作るには？…………………………………106
Serverオブジェクト利用の基本……………………………………108
サーバープログラムを動かそう……………………………………110
HTMLファイルを表示する…………………………………………113
Node.jsですべて作るのは大変！…………………………………118

4-2　Node.jsからExpressへ！………………………………119
Expressフレームワークについて…………………………………119
Expressの基本コード………………………………………………120
値をパラメータで渡す………………………………………………123
クエリパラメータを処理するプログラム…………………………125
パラメータがない場合の処理………………………………………126
HTMLファイルを表示する…………………………………………128
静的ファイルを利用する……………………………………………132
HTMLの表示を変更したい！………………………………………136
Expressをもっと本格的に使おう…………………………………140

5

目 次

Chapter5 Express Generatorで本格開発 　141

5-1　Express Generatorの基本 142
Expressは「薄い」 142
Generatorを利用しよう 142
アプリを利用する 145
Generatorアプリのファイル構成 146
コードの内容を確認する 148
「routes」フォルダーのindex.jsについて 153
users.jsについて 154
package.jsonについて 156

5-2　EJSテンプレートエンジン 159
「views」フォルダーのindex.ejs 159
パラメータを利用する 160
フォームを利用する 164
<% %>によるコードの実行 168
<% %>で繰り返し表示 173

5-3　ToDoアプリを作ろう 177
サンプルアプリを作ろう 177
アプリのコードを作成する 178
データをJSONファイルに保管する 182
応用：住所録を作る 186
AI生成コードはアレンジして使おう 192

Chapter6 APIでWebアプリを作る 　195

6-1　APIの基本 196
フォーム送信の問題点 196
Ajaxとは？ 198
fetch関数の基本 199
JSONデータを取得する 201
JavaScriptの処理を確認する 206

6-2　APIを作成する 207
AjaxとAPI 207
APIを作る 207
async/awaitを利用する 211
フォームを利用する 214
XMLを利用する 223

6

XMLデータをAPIで利用する 225

6-3　Ajaxベースでアプリを作ろう 231

Ajax方式のToDoアプリ 231
ユーザーログイン機能を作ろう 239
express-sessionを利用する 243
メッセージボードを作ろう 247
Googleニュース表示ページを作ろう 255

Chapter7　データベースを使おう　263

7-1　SQLite3を利用しよう 264

SQLデータベースとSQLite3 264
SQLite3を準備する 266
データベースの初期化 267
テーブルについて 271
データベースを見てみる 275

7-2　ExpressでSQLite3を利用する 278

dbルート設定を作成する 278
テーブルのレコードを取得する 279
my_tableを表示するページを作る 281
レコードの追加 284
レコードの検索 289
レコードの削除 293
レコードの更新 298

7-3　SQL版のメッセージボードを作る 303

SQLをアプリで使う 303
SQL版ログインシステム 303
SQL版メッセージボード 307
SQL利用はAPI方式が便利！ 314

Chapter8　AIモデルを利用しよう　315

8-1　LM Studioを使おう 316

AI利用は「お金」がかかる？ 316
LM Studioを用意しよう 317
LM Studioを起動する 318
Gemmaでチャットする 321
ローカルサーバーを使う 323

目 次

8-2 OpenAIパッケージを利用する 325

OpenAIパッケージをインストールする 325

OpenAIパッケージの基本 326

AIにアクセスするWebページを作る 330

AIモデルのパラメータについて 336

【応用】メッセージボードに下書き清書機能をつける 339

限界を感じたら商業モデルへ！ 342

索引 345

Chapter 1

Node.jsとChatGPT

ようこそ、サーバー開発の世界へ！ まずは、サーバー開発を
行うための準備を整えましょう。そして、実際にNode.jsと
いうプログラムを使って、JavaScriptのコードを実行する
ところまで行ってみましょう。

Chapter 1 Node.js と ChatGPT

1-1
Section
サーバー開発の準備をしよう

Webページの限界

「プログラミングを始めよう」と思う人の多くが最初に入門するのは、「Web」でしょう。Webは、誰もが情報やプログラムを作成して公開できる唯一にして最大の環境です。PCやスマホのアプリは、作るのも難しく、また作ったアプリを公開するのも大変です。Webならば、レンタルサーバーなどを使って作ったWebページを簡単に公開し、大勢に使ってもらうことができます。プログラミングの第一歩として、Webは最適なのです。

ただし、Webにはさまざまな制約があるのも確かです。一般的なWebページでは、ファイルアクセスやデータベースの利用などもできませんし、アクセスした人どうしが情報を共有したりすることもできません。ただ、Webページに何かを表示してそれを操作する、それだけしかできないのです。

WebページからWebアプリへ

「でも、最近のWebでは、もっと高度なことをやっているよ？」と思った人。その通り、今のWebは、そうした制限を軽々とクリアして高度な処理を実現しています。それは一体、なぜでしょうか。

答えは、「Webページではなく、Webアプリだから」です。

「Webアプリ」の明確な定義というのはないのですが、「普通のPCやスマホのアプリのように動く高度なWebのこと」といっていいでしょう。例えばGmailやGoogleマップなどは普通のアプリとほとんど変わらない感覚で使えますね。こうしたWebアプリと、皆さんが作ったWebページとの違いは一体、何なのでしょうか。

それは、「サーバー側の処理」があるかどうか、なのです。

高度なWeb機能はサーバーで作る

Webブラウザには、JavaScriptというプログラミング言語が搭載されており、Webページではこの言語を使ったプログラムを作って動かせます。しかし、このWebブラウザ搭載

のJavaScriptに用意されている機能は、Webページ内の処理を行うための機能が中心で、それ以外のものはあまりありません。またファイルアクセスやWeサイトへのアクセスなどには厳しい制限がかかっており、限定された状況でしか利用できないようになっています。

そこでWebアプリでは、こうした複雑な処理、高度な処理はすべてサーバー側にプログラムを用意しておき、そこで処理を行うようにしているのです。これなら、どんな処理も作成し動かせます。Webページは、サーバー側で用意したプログラムを利用するためのフロントエンド（ユーザー側の部分、要するにWebブラウザで表示されるWebページ）として作成し、重要な処理はすべてバックエンドであるサーバーで行うようにしているのです。

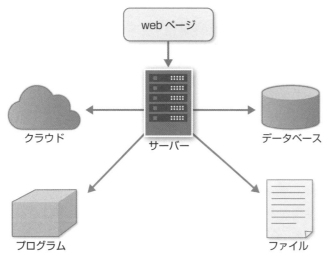

図1-1 Webアプリでは、Webページからサーバーにアクセスし、サーバー側で複雑な処理を行っている。

サーバー開発を学ぶには？

高度なWebアプリを作るには、サーバー開発を学ぶ必要がある。でも、一体どうやって学べばいいんでしょう。そもそも「サーバー開発」なんて難しいもの、自分にできるのか？ そう不安に思っている人も多いはずですね。

Webページは、まぁ少しはできるようになった。Webという限られた中で限られた機能だけ使うならそんなに難しくはない。でもサーバーの開発なんて、自分の手に余る。とても学んで習得できると思えない。そう思っている人。

確かに、Webサーバーの開発は、Webページに比べると格段に難しくなります。けれど、昔はいざ知らず、今はそうしたときに助けてくれる便利なものがあるじゃないですか。そう、「AI」ですよ！

AIはメジャーな環境なら万能！

最近急速に広まっているAI（生成AI）は、さまざまな質問に答えてくれます。このAIは、実はプログラミングが非常に得意なのです。プログラミングに関する質問にはたいてい答えてくれますし、コードの生成も思った以上に正確に行ってくれます。AIがあれば、プログラミングの学習もスムーズに行えるようになるのです。

けれど、AIを使えば、何でも簡単か？ というとそうでもありません。「AIでサーバー開発を学ぶ」という場合、いくつか注意しないといけないことがあります。

●マイナーなものはだめ！

AIは何でも知っていますが、何でも作れるわけではありません。特にプログラミングの場合、膨大なコードを学ばないと正しいコードを書けるようになりません。

Webサーバーの開発を行うための環境というのはいろいろとあります。そうしたものを作るための専用のライブラリやフレームワークなどもたくさん出ています。けれど、AIがちゃんと答えられるものというのは、実はそう多くありません。あまりメジャーではないものだと、学習するコードの量が少ないため、きちんと答えることができないのです。AIに教えてもらうためにはメジャーな環境を採用しないといけません。

●最新の機能はだめ！

また、AIの学習には非常に時間がかかるため、新しい情報をすぐにAIに学ばせることはなかなか難しいのです。このため、AIが生成するコードは最新のものではなく、少し古いことが多いでしょう。

特に、最近になってメジャーバージョンアップされ、機能がガラリと変わった！ といったものは要注意です。こうしたもののコードをAIに質問しても、古いコードしか作れないでしょう。

●機能はOK、仕組みはイマイチ

AIは、コードの生成だけでなく、プログラミングに関するさまざまな疑問に応えてくれます。けれど、特定の機能の使い方などの質問にはかなり正確に答えてくれますが、概念や仕組みなど抽象的なものは今ひとつ正確に答えてくれません（答えてくれても、曖昧でなんだかよくわからない説明なことも多々あります）。こうしたものは、この種の説明に慣れた人間のほうが格段に上でしょう。

●学び方は教えてくれない

AIは、「これを教えて」という質問には答えてくれます。けれど、「これを学ぶにはどうしたらいい？」という質問には、通り一遍な回答しかしてくれません。学び方は、自分なりに考えるしかないのです。

サーバー開発の準備をしよう | 1-1

こうしたAIの性質を踏まえて、どんな環境を選択し、どのように学んでいけばいいかを考える必要があります。

サーバー開発にはNode.js ！

では、このサーバー側のプログラムというのはどうやって作るのでしょうか。これは、千差万別、さまざまなやり方があります。使うプログラミング言語も、サーバーとの実装方法もいろいろです。

が、「まだ、プログラミングに慣れていない」「Webページは作れる」という人に最適なのは、「Node.js」というソフトウェアでしょう。これは「JavaScriptエンジン」と呼ばれるものです。

Nod.jsは、それまでWebブラウザの中だけでしか使えなかったJavaScriptを、PCで普通に使えるようにするものなのです。Node.jsを利用すれば、JavaScriptでさまざまなコードを書いて実行できます。Webサーバーも、Node.jsを使えば、JavaScriptで作ることができるのです。

AIを使いながらサーバー開発をしていく場合、Node.jsはとてもよい選択肢です。Node.jsは非常に広く使われており、AIも膨大なコードを学習できていますから、間違えることが少ないのです。また仕様が安定していてコロコロ変わったりしないので、AIが多少古いコードを生成しても問題なく利用できるでしょう。

また、Node.jsには「Express」というWebサーバー開発用のフレームワークがあり、本書でもこれを使いますが、このExpressも非常に広く利用されていて、なおかつ機能も安定していてAIが学習しやすいフレームワークなのです。この「Node.js + Express」は、AIを使ってサーバー開発を学習する際の王道といっていいでしょう。

用意するもの

では、Node.jsでサーバー開発を学んでいくためにはどんなものが必要か、用意するものを整理していきましょう。

●Webページの基本技術

サーバー開発は、サーバー側の処理はもちろんですが、フロントエンド（Webページ）も作成します。この部分については、既にわかっているものとして本書では説明しません。Webページ作成の基本的な知識はあらかじめ頭に入れておいてください。

13

●Node.jsプログラム

プログラムで必要なのは、Node.jsです。これは、後ほどインストールなど簡単に説明しますので、今まだインストールしてなくとも心配はいりません。

●Visual Studio Code

サーバー開発を行うには、専用の開発環境を用意すべきです。もちろん、メモ帳でコードを書いて動かすこともできますが、かなり面倒ですし非効率的です。本書では、Visual Studio Codeという開発ツールを使います。これも後ほどインストールなどを説明します。

●ChatGPTなどのAIチャット

学習で利用するAIチャットを使えるようにしておきましょう。ChatGPTがもっとも有名ですが、今はGoogleのGeminiやAnthropicのClaudeなどさまざまなAIチャットがあります。自分なりに使いやすいものを用意しておきましょう。主なAIチャットを以下にあげておきます。

ChatGPT	https://chatgpt.com/
Gemini	https://gemini.google.com/
Copilot	https://www.bing.com/chat
Claude	https://claude.ai/
Perplexity	https://www.perplexity.ai/

Node.jsを用意する

では、必要なものを用意していきましょう。まずは、「Node.js」です。これは、Node.jsのWebサイトからダウンロードできます。

https://nodejs.org/

サーバー開発の準備をしよう | 1-1

図1-2　Node.jsのサイト。ここからインストーラーをダウンロードする。

アクセスすると、トップページに「Download Node.js」というボタンが用意されているので、これをクリックしてインストーラーをダウンロードしてください。そしてダウンロードしたインストーラーを起動してインストールを行います。特に難しい設定はなく、基本的にすべてデフォルトの設定のままでインストールを行えます。ただし、「End-User License Agreement」という表示では、「I accept the terms 〜」というチェックボックスをONにしないと先に進めないので注意してください。

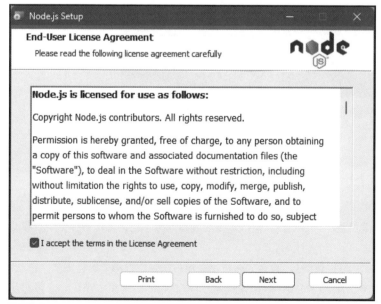

図1-3　Node.jsのインストーラー。End-User License AgreementではチェックをONにしておくこと。

15

Visual Studio Codeを用意する

続いて、Visual Studio Codeを用意します。これは、以下のURLで公開されています。アクセスして、トップページにある「Download for XXX」(XXXはプラットフォーム)というボタンをクリックしてダウンロードをしましょう。

https://code.visualstudio.com

macOSでは、アプリがそのままダウンロードできますので、そのまま「アプリケーション」フォルダーに入れて使ってください。Windowsではインストーラーがダウンロードされるので、起動してインストール作業を行ってください。基本的にすべてデフォルトのまま進めていけばインストールされます。

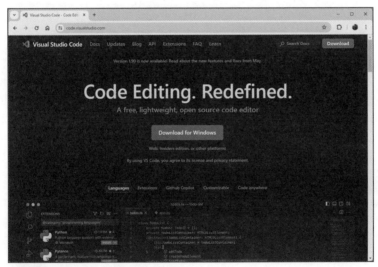

図1-4　Visual Studio Codeのサイト。

AI利用の準備は？

これで一通りの準備が整いましたが、実は本書を読み進めるためにはもう1つ、なくてはならないものがあります。それは「AI」です。

本書は、必要に応じてAIに質問し、教えてもらいながら学習を進めていきます。ここでは、質問したプロンプトや、AIからの応答も掲載しながら進めていきますから、皆さんが実際にAIに質問をしなくとも読み進めることはできます。

ただ、「読んだけど、今ひとつよくわからない」ということはきっとあるでしょう。「この部分の説明がわからない」「コードのこの部分をこう変えたいけどどうすればいいのかわからない」といったことは、この先たくさん出てくるはずです。そんなとき、自分でAIに質問して教えてもらいながら読み進めてほしいのです。

わからないまま読み進めることはしないでください。常にAIを用意し、ちょっとでもわからなければすぐに質問しながら進めましょう。

●AI利用の法則1
「説明を読んでもやもやするところがあったら、AIに聞こう」

コードはたくさん試す

プログラミング習得のいちばんの近道は、「ひたすらコードを書いて動かすこと」です。本書の説明を読んだら、掲載されたコードを実際に書いて動かしてみてください。そして理解できたら、それをいろいろと書き換えて試してみてください。

「でも、どこをどう書き換えたらいいのかわからない」って？ そんなときこそ、AIですよ！ コードをコピペし、「このコードの○○の部分を××するように書き換えたい」と聞いてみてください。AIが修正コードを教えてくれます。それを動かしてみれば、変更された部分の働きがわかってくるでしょう。

●AI利用の法則2
「コードの使い方は、AIでいろいろアレンジしてもらって確かめよう」

概念説明はさまざまな表現で

プログラミングでもっともわかりにくい部分は、実はコードではなく「概念」だったりします。特にサーバー開発では、それまで馴染みのない考え方に基づいてコードを作成していきます。

抽象的で曖昧な概念部分は、一度説明してもらうだけでなく、さまざまな表現で何度も説明してもらいましょう。「○○について説明して」と尋ねたら、「別の形で説明して」として何度も違う形で説明してもらうとよいでしょう。また、「自動車に例えたら？」「会社に例えたら？」「人間の体で例えたら？」というように、さまざまな形で例えて説明をしてもらうと、抽象的なものの働きがなんとなく見えてきます。

抽象的な部分は、そうやって少しでも具体的なものに置き換えて捉えられるようにしていきましょう。

Chapter-1 | Node.js と ChatGPT

●AI利用の法則３
「抽象的なものは、具体的なものに置き換えて説明してもらおう」

AIの答えが難しすぎる

最近のAIはとても優秀ですが、正直、優秀すぎます。特にプログラミング関係の話になると、こちらが想像してなかったぐらいに大量の応答を返してくることもよくあります。ちょっと聞きたいだけなのに、ずら～っと文章やコードが出てきて、かえって「何だかわからない」という状況になってしまうこともあるのです。

長い応答が返ってきたら、最初の部分だけ読んで、それ以降は無視してください。ほとんどの場合、質問に対する答えは最初に出てきます。そして、後半はより詳しい説明や応用などであり、「そこまでは必要ない」ということが書かれていることが多いのです。

●AI利用の法則４
「長い応答は、最初だけ読んで理解できたら、残りは捨てる」

使うAIは何がいい？

AIはどれを利用すればいいのでしょうか。これは、一概にはいえません。皆さんが普段利用しているものがあれば、それを使うのがいいでしょう。

本書では、「ChatGPT」を使って説明をしていきます。もし、「特に使っているAIがない」というのであれば、ChatGPT（https://chatgpt.com/）を利用してください。

ChatGPTは2024年7月現在、最新のGPT-4oというものが使われるようになっています。無料で使う場合も、（一日の上限は決まっていますが）この最新版を使えるようになっています。

ある程度以上使うと、一日の上限に達し、一つ前のGPT-3.5に切り替わります。が、この3.5自体が既にかなり優秀ですので、「GPT-4oが使えなくなった、どうしよう」などと悩む必要はありません。3.5になってもそのまま使い続けて大丈夫です。逆に、4oはあまりにいろいろと教えてくれすぎるので、3.5のほうが応答が的確で使いやすいかも知れません。本書の応答も、その多くは3.5から得ています。

Chapter 1 Node.js と ChatGPT

1-2
Section
Node.jsを
使ってみよう

Node.jsの使い方は？

では、実際にNode.jsを使ってみましょう。これはどうやって利用するものなのか、AI
に尋ねてみます。

リスト1-1 プロンプト

Node.jsの使い方を小学生でもわかるように説明してください。

こんなプロンプトを書いて送ってみました。最近のAIは、こうした質問への回答が非常
に詳しくできるようになっています。が、あまりに詳しい説明が一度にどっと出力されると、
かえってわからなくなってしまいます。

なるべくわかりやすく説明してもらうのに「小学生でもわかるように」といった縛りをつけ
ておくのは有効です。これで専門的な表現などはだいぶわかりやすい表現に変わります。

では、ChatGPTに質問した応答がどんなものか、例をあげておきましょう。

リスト1-2 応答

もちろん、Node.jsの使い方を小学生でもわかるように説明しますね。

Node.jsとは？

"Node.js"は、JavaScriptというプログラミング言語を使って、コンピュータでいろんなことをさせるため
のツールです。普通、JavaScriptはウェブページで使われますが、Node.jsを使うと、コンピュータ自体で
いろんなことができるようになります。

1. Node.jsをインストールしよう

Node.jsを使うには、まずコンピュータにNode.jsを入れる必要があります。

1. [Node.jsの公式サイト](https://nodejs.org/)に行きます。
2. 大きな緑色のボタンをクリックして、Node.jsをダウンロードします。
3. ダウンロードが終わったら、インストーラーを開いて、画面の指示に従ってインス

Chapter-1 | Node.js と ChatGPT

> トールします。

かなり長い出力がされたので、とりあえず最初のところだけ見てみましょう。まずはインストールの説明です。これは既に終わっていますから次を見ましょう。

コードを記述する

続いて、Node.jsのコードを作成する説明が出力されていました。インストールしたら、すぐにコードを書くのがAI流のようです。

リスト 1-3 応答（続き）

2. 最初のプログラムを書いてみよう

Node.jsでプログラムを書いて、実行してみましょう。

1. コンピュータで「メモ帳」などのテキストエディタを開きます。
2. 次のコードを入力します。

```
console.log("こんにちは、Node.js!");
```

3. このファイルを「hello.js」という名前で保存します（場所はデスクトップなどわかりやすい場所に）。
4. コンピュータで「コマンドプロンプト」や「ターミナル」を開きます。

- - Windowsでは、スタートメニューから「コマンドプロンプト」を検索して開きます。
- - Macでは、アプリケーションフォルダーの中の「ターミナル」を開きます。

5. コマンドプロンプトやターミナルに次のように入力して、「hello.js」を実行します。

```
node hello.js
```

6. 画面に「こんにちは、Node.js!」と表示されれば成功です！

具体的なプログラムの作り方が出てきましたね。では、その通りにやってみましょう。まず、メモ帳などのテキストエディタを起動してください。そして以下のコードを記述します。

リスト 1-4

```
console.log("こんにちは、Node.js!");
```

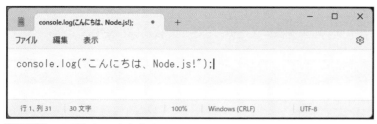

図 1-5　メモ帳でコードを書く。

　記述したら、「ファイル」メニューの「名前をつけて保存」（あるいは「別名で保存」などのファイルを保存するメニュー）を選び、「hello.js」という名前でデスクトップに保存しましょう。メモ帳の場合、「ファイルの種類」を「すべてのファイル」にして保存してください。「テキストドキュメント」のままだと、保存時に「hello.js.txt」と.txt拡張子が強制的に付けられてしまいます。

図 1-6　「hello.js」という名前でデスクトップに保存する。

nodeコマンドで実行する

　ファイルが保存できたら、これを実行します。コードの実行は「node」コマンドで行います。これは以下のように記述します。

```
node  ファイルパス
```

では、ターミナルやコマンドプロンプトなどのコマンドを実行できるソフトウェアを起動してください。そして、ファイルを保存したデスクトップに移動します。

```
cd Desktop
```

Windows 10/11などでOneドライブにデスクトップを保存するようになっている場合、cd Desktopで移動できない場合があります。このようなときは、エクスプローラーでデスクトップを開き、パスをコピーして「cd 」の後にペーストして移動してください。

ファイルがある場所に移動できたら、nodeコマンドで実行をします。

```
node hello.js
```

図1-7 nodeコマンドでコードを実行する。

これを実行すると、ターミナルに「こんにちは、Node.js!」とメッセージが表示されます。これが、hello.jsの実行結果です。

もし、ファイル名を間違えていたり、あるいは記述したコードに書き間違いがあると、実行時にこのようなメッセージは表示されず、エラーの内容が表示されます。その場合は、よくファイル名と記述したコードを確認してください。

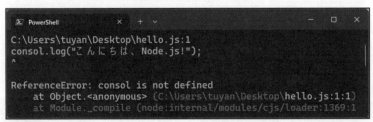

図1-8 ファイル名を間違えた場合と、コードを書き間違えた場合の表示。いずれもエラーメッセージが表示される。

AIに質問する際のポイント

AIからの応答を元に、Node.jsのコードを書いて実行する、というところまで実際に試してみました。AIの応答は、意外に正確なことがわかります。ただ、実際に試してみると、いろいろと疑問が沸き起こることでしょう。

まず、「質問しても、本書の通りに答えてくれない」という疑問。これは、断言しておきますが、この本に書かれている通りの回答が得られることはありません。

AIは、「Aと尋ねたらBと応える」というようにやり取りが決まっているものではないのです。従って、同じ質問をしても、返ってくる答えはさまざまです。本書に掲載された回答と似たようなものが返ってくることもあれば、ぜんぜん違う回答になることもあるでしょう。それでいいんです。「何か間違っているのか？」「何か問題があるのか？」と悩む必要はありません。AIって、そういうものなのです。

ただし、同じ回答は得られませんが、そこに書かれている内容は「だいたい同じこと」であるはずです。ここが重要！ 回答の一言一句が同じかどうかではなく、その回答でいっている「内容」が同じかどうかを考えてください。「内容が同じ」であれば、同じ回答が得られていると考えていいのです。

AIを使いこなすには、「回答に書かれている内容がどういうことかきちんと理解する」という日本語能力が求められます。自分でAIに質問しながら学習を進めていくのであれば、このことをきっちりと理解しておきましょう。

プロンプトのテクニックに走らない！

AIについては、さまざまなところで「どのように質問をすれば思ったような回答が得られるか」というテクニック（プロンプトテクニック）が広まっています。これは、AIを使ったプログラムの開発などを行う場合には、非常に重要です。プログラムの中で的確な応答を得るための方法をきちんと確立しておかないと、プログラムは作れませんから。

けれど、ただ「AIチャットに質問して教えてもらう」というだけならば、プロンプトテクニックは不要です。テクニックを弄してあれこれと凝ったプロンプトを考えて作り出す暇があったら、簡単な質問を何度も繰り返し送りましょう。そのほうがはるかにはるかに得られるものは多いはずです。

プロンプトは、自分が聞きたいことをはっきりと書いて伝える。このことさえ注意すれば、後はテクニックなど不要です。それで思ったような答えが得られなかったら、聞き返せばいいのです。何度聞き返してもAIは怒ったり呆れたりすることはありません。

Chapter-1 Node.js と ChatGPT

補足しながら繰り返し質問しよう

AIに聞き返す場合、同じことを繰り返してもあまり効果はありません。応答が不満なときは、「どこが不満なのか、何を答えてほしかったか」を考えて、補足しましょう。期待した答えが出なかったら、「もっとちゃんと答えて」などと聞き返しても効果はありません。「そうではなくて、○○についてもう少し詳しく答えて」というように、聞きたかったことを明確にして聞き返しましょう。

コードはきちんと説明してもらおう

これから先、AIに質問してコードを作成してもらうことが増えてきます。AIはコードをいくらでも作ってくれますが、本書と全く同じコードが作られるとは限りません。コードは、同じような内容のものを作ってもらったとしても、さまざまに違ったものが生成されます。思った以上に難しいコード、肝心な部分がないコード、動かしてみたらエラーになるコード、そんなものもたくさん生成されるでしょう。

コードを生成してもらう場合、重要なのは「コピペでちゃんと動くこと」ではありません。「そのコードを読むことで、プログラミングをより理解できること」です。

コードを生成してもらうのは、「プログラミングを学ぶため」だ、ということを忘れないでください。そのためには、生成されたコードは、きちんと読んで理解することです。

よくわからないことがあれば、その部分をコピペして「これはどういうことを行っているの?」と質問しましょう。また、コードを生成してもらうときには「各行に詳しいコメントを付けて」というように指定しておくと、コード1行ごとに説明をつけた形で生成されます。それを読みながら理解を深めてください。

AIのコードは、「コピペで動かすこと」が目的ではありません。「学習すること」が目的です。このことを忘れないように!

Visual Studio Codeでフォルダーを編集する

これで、ファイルにコードを書いて実行するという基本はできました。けれど、このようなやり方は、あまりWebの開発では一般的ではありません。Web開発では、たくさんのファイルを作成することがよくあります。このため、メモ帳でファイルを1つずつ開いて編集するようなやり方は非常に非効率的です。

そこで、先にインストールしたVisual Studio Codeの出番となるわけですね! ただし、そのためには編集するファイルにも準備が必要です。

まず、デスクトップに「hello-app」という名前のフォルダーを作成してください。そして、先ほど作成したhello.jsファイルをこのフォルダーの中に入れます。この「hello-app」フォルダーが、hello-appというWebアプリのフォルダーとなります。Webの開発は、このよ

うにフォルダーの中に必要なファイルをまとめるようにして行います。

図1-9　「hello-app」フォルダーを作り、hello.jsを中にいれる。

Visual Studio Codeを起動する

　では、Visual Studio Code（以後、VSCodeと略）を起動しましょう。起動するとウィンドウが開かれ、デフォルトで「開始」や「チュートリアル」といった表示が現れるでしょう。これは「ウェルカムページ」というもので、初めてVSCodeを利用する人への説明リンクなどがまとめられています。

　この表示は、VSCodeの使い方をきちんと覚えたい人には役に立つものですが、今すぐ使ってみたい人は無視して構いません。上部に見える「ようこそ」というタブの「×」アイコンをクリックして閉じておきましょう。

図1-10　Visual Studio Codeの起動画面。

フォルダーを開く

では、作成したフォルダーをVSCodeで開きましょう。フォルダーのアイコンをドラッグし、VSCodeのウィンドウ内にドロップしてください。これで、フォルダーが開かれ、「エクスプローラー」というところにフォルダーとその中のファイルが表示されるようになります。

図1-11　フォルダーを開くと、エクスプローラーにフォルダーの内容が表示される。

エディタを使おう

VSCodeの表示は、大きく3つのエリアに分かれます。左端に見えるアイコンバー、その右側にある縦長の細いエリア（現在、「エクスプローラー」というものが表示されているでしょう）、そして右側の広い空白のエリアです。

この3つは、無関係ではなくそれぞれ関連しています。ざっと各エリアの働きを整理しておきましょう。

●左側のアイコンバー

ここに、VSCodeに用意されているもっとも基本的なツール類が並んでいます。デフォルトでは、エクスプローラーが選択されているでしょう。ここでツールのアイコンを選択すると、その隣りの細長いエリアにそのツールが表示されるようになっています。

●アイコンバー右の細長いエリア

アイコンバーで選択したツールがここに表示されます。デフォルトで選択される「エクスプローラー」は、VSCodeで開いたフォルダー内のファイルなどを階層的に表示するもので、ここでファイルやフォルダーを作ったり削除したり、場所を移動したりと言った基本的な操作が行えます。

●**右側の広い空白エリア**

　何か編集するものを開いたとき、ここに内容が表示されます。エクスプローラーでファイルを開くと、ここにエディタが開かれて編集できるようになりますし、各種の設定を開くとここに設定内容が表示されます。

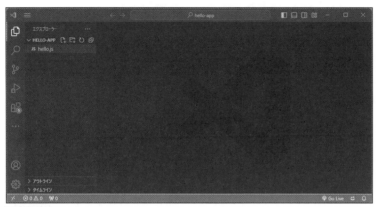

図1-12　VSCodeの画面。3つのエリアで構成される。

エディタで編集する

　開発は、エクスプローラーからファイルをクリックまたはダブルクリックして開いて行います。実際に「hello.js」ファイルを開いてみてください。右側の空白エリアにエディタが現れ、そこで編集できるようになります。

　VSCodeのエディタには各種の編集支援機能が用意されており、かなり快適に編集作業が行えます。主な支援機能をまとめておきます。エディタはこれから頻繁に利用しますので、基本的な機能ぐらいは頭に入れておくとよいでしょう。

- コードの色分け表示。数字や単語などを役割ごとに色分け表示する。
- オートインデント。構文を解析し、それに応じて自動的にインデント（文の開始位置）を調整して構文の範囲がわかりやすいようにする。
- 括弧の自動補完。(, {, [といった括弧の開始記号をタイプすると、自動的に), },] といった閉じ括弧が挿入される。
- 候補の表示。コードを入力中、リアルタイムに入力中の文字で始まる語をポップアップ表示し、選べるようにする。

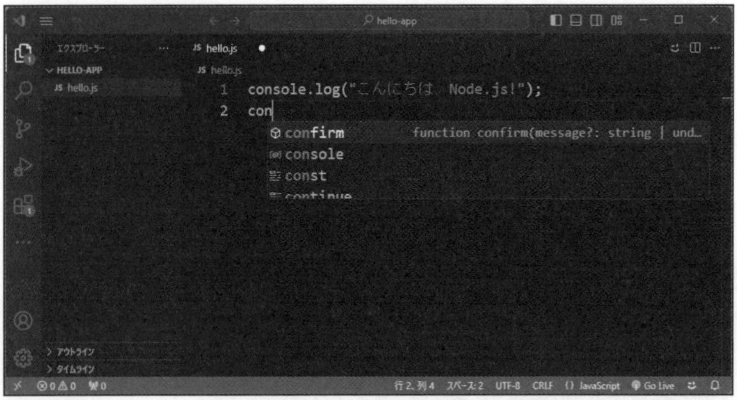

Chapter-1 | Node.js と ChatGPT

図 1-13　エディタを開いたところ。編集支援機能がいろいろとある。

テーマについて

　VSCodeは、デフォルトでは黒字に白い文字のダークテーマで表示されます。これが見づらいという人も多いでしょう。こうした人は、テーマを変更できます。
　「ファイル」メニューの「ユーザー設定」内から「テーマ」内の「配色テーマ」メニュー項目を選択してください。

図 1-14　「配色テーマ」メニューを選ぶ。

　ウィンドウ上部にテーマの一覧がプルダウンして現れます。ここから使いたいテーマをク

リックするとそのテーマに変更されます。

図1-15　プルダウンしてテーマの一覧が現れる。

図1-16　ライトテーマにしたところ。

ターミナルを使う

　VSCodeは、「エクスプローラーでファイルを開いてエディタで編集する」という基本さえできれば使うことができます。特にWebの開発というのは、たくさんのファイルを快適に編集できればそれだけで十分だったりするのですから。

　ただし、Node.jsの場合、この他にもう1つ覚えておきたいものがあります。それは「ターミナル」です。ターミナルは、コマンドを実行するツールです。Node.jsでは、プログラムの実行などをコマンドで行うので、ターミナルはけっこう頻繁に利用することになるでしょう。

では、メニューバーの「ターミナル」から「新しいターミナル」メニュー項目を選んでください。画面の下部にターミナルが現れます。

図1-17 「新しいターミナル」メニュー項目を選ぶ。

開かれたターミナルは、アプリのターミナルなどと同様にコマンドを入力し実行できます。VSCodeのターミナルは、現在開いているフォルダーにカレントディレクトリが設定されるので、cdコマンドなどを実行することなく即座にフォルダー内を操作できます。

図1-18 ターミナルの画面。デフォルトでフォルダー内にカレントディレクトリがある。

コマンドを実行する

実際に、ターミナルに「node hello.js」とタイプし、Enterしてみましょう。hello.jsが実行され、その下に「こんにちは、Node.js!」と表示されるのが確認できます。VSCodeを利用するときは、nodeコマンドの実行も、すべてVSCodeのターミナルを利用するとよいでしょう。

Node.jsを使ってみよう | 1-2

```
問題   出力   デバッグ コンソール   ターミナル   ポート   AZURE        >_ pwsh  + ∨  □  🗑  …  ∧  ✕

Node.js v20.12.2
● PS C:\Users\tuyan\Desktop\hello-app> node hello.js
  こんにちは、Node.js!
○ PS C:\Users\tuyan\Desktop\hello-app>
                                  行2, 列1   スペース: 2   UTF-8   CRLF   {} JavaScript   🔘 Go Live   ⇅  🔔
```

図1-19 node hello.jsを実行する。

開発の準備は整った！

　これで、サーバー開発の準備は整いました。VSCodeの使い方など、まだ良くわからないかも知れませんが、心配はいりません。これから使っていく内に、だいたいわかってくるはずですから。基本的に「ファイルを編集できてコマンドが実行できる」なら、問題なく開発は行えます。それ以外の機能は、おまけと思っておきましょう。

　なお、次章からはすぐにプログラミングの説明に入りますが、JavaScriptの基本文法などは理解しているものとして説明を省略しています。まだよくわからないという人向けに、本書の前にWebページ作成について学ぶ入門書を出していますので、そちらを参考にしてください。

●本書の前に読んでおきたい入門書

　「ChatGPTで学ぶJavaScript&アプリ開発」(秀和システム)

Chapter 2

コマンドプログラムで
基本を覚えよう

コマンドプログラムは、Node.jsのプログラムの基本です。
まずは、コマンドライン引数の使い方を覚え、それからユー
ザーによるテキストの入力や外部パッケージの利用などを
行っていきましょう。

Chapter 2　コマンドプログラムで基本を覚えよう

2-1 コマンドプログラムを作ろう
Section

コマンドプログラムを作る

では、Node.jsのプログラムについて説明をしていくことにしましょう。Node.jsは、さまざまなプログラムを作成できます。ただし、これはインタープリタ言語（コードを読み込み、その場でネイティブなコードに変換して動かす言語）なので、アプリケーションのようなネイティブコードのプログラムは作れません。あくまで「ソースコードをNode.jsで実行して動く」というものだけです。それでも、さまざまなプログラムを作成することができます。

まずは、ターミナルなどから実行する、ごく単純なコマンドプログラムから作成していきましょう。

基本は実行する処理を書くだけ

コマンドプログラムの作り方はとても簡単です。JavaScriptのソースコードファイルに、実行する処理をただ書くだけです。後は、nodeコマンドでファイルを実行すれば、記述した処理が実行されます。

先ほど、サンプルに書いたコードは以下のようなものでした。

```
console.log("こんにちは、Node.js!");
```

このconsole.logは、コンソール（ターミナルなどコマンドの実行内容を表示するもの）に値を出力するのに使います。引数にテキストなどを指定すれば、それがそのままコードを実行しているターミナルに出力されます。

コマンドプログラムの基本は、「処理を実行し、結果をconsole.logで表示する」というだけのものなのです。

コマンドプログラムを作ろう | 2-1

シンプルな計算コード

では、実際に簡単な計算のサンプルコードを作ってみましょう。AIに以下のようにプロンプトを送ってみます。

リスト2-1 プロンプト

Node.jsで、計算を実行し結果を表示する簡単なサンプルを3つ作成してください。それぞれ5行以内で各行に説明のコメントを付けます。コードの後には100文字程度の説明をつけてください。

コードを生成してもらうときは、どのようなコードを求めているのかをなるべく正確に記します。ここでは「Node.jsで」「計算を実行し結果を表示する」「簡単なサンプル」というように内容を指定しています。

また、「それぞれ5行以内」「各行に説明のコメント」「コードの後には100文字程度の説明」というように、短いコードで詳しい説明を付けるように指示しています。「5行以内」という指定は、実はけっこう重要です。コード全体の長さを短くすれば、あまり複雑な処理は行えません。単純なサンプルを作ってほしいときは、「〇〇行以内」というように行数を指定するのが効果的です。

では、どんなサンプルが生成されたか見てみましょう。

リスト2-2 応答

以下に、Node.jsで簡単な計算を行い結果を表示する3つのサンプルコードを示します。それぞれのサンプルは5行以内で、各行に説明のコメントを付けています。

サンプル1: 引数を使って合計を計算

```javascript
// 2つの値を用意します。
const num1 = 10;
const num2 = 20;

// 2つの数値の合計を計算します。
console.log(`合計: ${num1} + ${num2} = ${num1 + num2}`);
```

"説明: このスクリプトは2つの数値の合計を計算して表示します。

```
問題    出力   デバッグ コンソール   ターミナル   ポート   AZURE            pwsh  +  �□ 🗑 ... ∧ ×

PS C:\Users\tuyan\Desktop\hello-app> node hello.js
合計: 10 + 20 = 30
● PS C:\Users\tuyan\Desktop\hello-app>

                  行6、列1  スペース: 2  UTF-8  CRLF  {} JavaScript  Go Live
```

図2-1　2つの整数を足し算する。

35

Chapter-2 | コマンドプログラムで基本を覚えよう

サンプル2: 2つの固定数値の乗算

```javascript
// 2つの数値を定義します。
const num1 = 6;
const num2 = 7;

// 2つの数値の積を計算し、結果を表示します。
console.log(`積: ${num1} * ${num2} = ${num1 * num2}`);
```

"説明：このスクリプトでは、固定の数値 `6` と `7` を掛け算してその結果を表示します。結果は `42` です。定数を使った基本的な計算の例です。

```
問題   出力   デバッグ コンソール   ターミナル   ポート   AZURE          ∑ pwsh  + ∨  ⊡  🗑  …  ∧  ×

 PS C:\Users\tuyan\Desktop\hello-app> node hello.js
 積: 6 * 7 = 42
○ PS C:\Users\tuyan\Desktop\hello-app> ▊
●
                                行6、列1   スペース: 2   UTF-8   CRLF   {} JavaScript   ⏺ Go Live   ⇄  ♢
```

図2-2 2つの整数を掛け算する。

サンプル3: 2つの数値の除算（結果を小数点以下2桁に丸める）

```javascript
// 2つの数値を定義します。
const num1 = 15;
const num2 = 4;

// 2つの数値を割り、結果を小数点以下2桁に丸めて表示します。
console.log(`商: ${num1} / ${num2} = ${(num1 / num2).toFixed(2)}`);
```

"説明：このスクリプトでは、数値 `15` を `4` で割り、その結果を小数点以下2桁に丸めて表示します。結果は `3.75` です。小数点以下の桁数を調整する方法の例です。

```
問題   出力   デバッグ コンソール   ターミナル   ポート   AZURE          ∑ pwsh  + ∨  ⊡  🗑  …  ∧  ×

 PS C:\Users\tuyan\Desktop\hello-app> node hello.js
 商: 15 / 4 = 3.75
○ PS C:\Users\tuyan\Desktop\hello-app> ▊
●
                                行6、列1   スペース: 2   UTF-8   CRLF   {} JavaScript   ⏺ Go Live   ⇄  ♢
```

図2-3 2つの整数を割り算する。

　ここでは3種類のサンプルコードが作られました。それぞれ、hello.jsの内容を書き換えて実行してみましょう。2つの数字を計算し結果を表示するプログラムが確認できます。

コマンドプログラムを作ろう | 2-1

${}で値を埋め込む

これらの生成されたコードは非常にシンプルなものですが、一つ、覚えておきたいテクニックが用いられています。それは、結果を出力する部分です。例えば最初のサンプルでは以下のようになっていましたね。

```
console.log(`合計: ${num1} + ${num2} = ${num1 + num2}`);
```

文字列リテラルの中に、${num1}といったものが書かれています。これは、実は値を埋め込むものだったのです。

ここで使っている文字列リテラルは、普通のものとは少し違います。よく見ると、文字列の前後にはシングルクォートではなく「バッククォート(`)」という記号が使われているのがわかるでしょう。

JavaScriptでは、このようにバッククォートを使って指定した文字列リテラルには、その中に ${○○} というような形で値を埋め込むことができるのです。

では、実際に試してみましょう。hello.jsを以下に書き換えます。

リスト2-3
```
const name = '山田';
const age = 20;
const email = 'taro@yamada';
// 変数を文字列リテラルにまとめて表示する
console.log(`こんにちは、${name}です。${age}歳です。連絡先は、${email}です。`);
```

図2-4 実行すると、名前と年齢、メールアドレスがまとめて表示される。

実行すると、「こんにちは、山田です。20歳です。連絡先は、taro@yamadaです。」といったテキストが出力されます。ここでは、用意しておいたname, age, emailといった値を文字列リテラルにまとめて出力しているのがわかるでしょう。このように、バッククォートの文字列を使うと、さまざまな値を1つの文字列にまとめることができます。

このバッククォートを利用したものは「テンプレートリテラル」と呼ばれます。中に変数などを埋め込んで文字列リテラルを生成できるのは、テンプレートリテラルだけです。通常のシングルクォートやダブルクォートによる文字列リテラルでは使えないので注意してください。

37

Chapter-2 | コマンドプログラムで基本を覚えよう

コマンドライン引数を使う

こんな具合に、処理を書いてnodeコマンドで実行するだけでコマンドプログラムは作れます。とはいえ、ただ結果を表示するだけではあまり便利なものは作れない気がしますね。

実際になにかの役に立つコマンドプログラムにするには、ユーザーから何らかのデータを受け取って処理を行えるようなものでしょう。

では、ユーザーからデータをプログラムに渡すにはどうすればいいのでしょうか。これにはいくつか方法が考えられますが、もっともわかりやすいのは「コマンドライン引数」を使うものでしょう。

コマンドライン引数とは、コマンドを実行する際に追記される値のことです。例えば、hello.jsを実行するには「node hello.js」とコマンドを書いて実行しますね。このとき、例えば「node hello.js abc xyz」というようにして、実行するコマンドプログラムにabcやxyzといった値を渡すのです。これがコマンドライン引数です。

コマンドライン引数が使えれば、コマンドプログラムで必要な情報を実行時に値として渡すことができるようになります。

コマンドライン引数の使い方

では、コマンドライン引数はどのようにして使うのでしょうか。AIに聞いてみましょう。

リスト2-4 プロンプト

Node.jsで、コマンドラインから引数を渡し、それを元に処理を行う方法をわかりやすく説明して。

リスト2-5 応答

Node.js でコマンドライン引数を使用してスクリプトを制御する方法について、ステップバイステップで説明します。

1. コマンドライン引数の基本

Node.js では、コマンドライン引数は `process.argv` 配列を通じて取得できます。この配列には、スクリプト名や引数が含まれています。

- `process.argv[0]`: Node.js の実行ファイルのパス。
- `process.argv[1]`: 実行しているスクリプトのパス。
- `process.argv[2]` 以降: コマンドラインで渡された引数。

コマンドライン引数は、processというオブジェクトの「argv」というプロパティに値が保管されていることがわかりました。

38

コマンドプログラムを作ろう | 2-1

　processというのは、実行するプログラムのプロセスに関する情報や操作するための機能などを提供するオブジェクトです。実行時に送られるコマンドライン引数も、このprocessで管理されています。argvに、引数の情報が配列としてまとめられていることがわかりましたね。

　では、このargvがどんなものか、実際に中身を見てみましょう。hello.jsを以下のように書き換えてください。

リスト2-6

```
console.log(process.argv);
```

図2-5　実行するとコマンドライン引数の内容が表示される。

　記述したら、コマンドライン引数を付けてhello.jsを実行してみます。例えば、「node hello.js 123 456」というような感じで実行してみましょう。すると、以下のようにargvの内容が出力されるのがわかるでしょう。

```
[
  'C:¥¥Program Files¥¥nodejs¥¥node.exe',
  'C:¥¥Users¥¥ユーザー名¥¥Desktop¥¥hello-app¥¥hello.js',
  '123',
  '456'
]
```

　これはWindowsの場合の出力ですが、macOSでも最初の2つのパスが少し違うだけで、同じような形で出力されるでしょう。

　argvは、コマンドとして実行された内容が保管されているものです。配列の最初にはNode.jsのプログラムのパスが、その次には実行するソースコードファイルのパスがそれぞれ保管されています。そしてそれ以降に、コマンドライン引数として追加された値が保管されているのです。

39

コマンドライン引数の利用例

では、コマンドライン引数を使ったプログラムの例を見てみましょう。先ほど質問したプロンプトでは、さらに以下のように応答が出力されました。

リスト2-7 応答（続き）

シンプルなコード
`hello.js` というファイルを作成し、次の内容を記述します：

```javascript
// コマンドライン引数を取得し、数値に変換します。
const num1 = parseInt(process.argv[2]);
const num2 = parseInt(process.argv[3]);

// 合計を計算します。
const sum = num1 + num2;

// 結果を表示します。
console.log(`合計: ${num1} + ${num2} = ${sum}`);
```

コマンドラインからスクリプトを実行する
ターミナルまたはコマンドプロンプトで次のように実行します：

```
node hello.js 10 20
```

実行すると、次のように出力されます：

```
合計: 10 + 20 = 30
```

図2-6 実行すると、コマンド引数の値を足し算して結果を表示する。

記述したら、ターミナルから引数に整数を2つつけて実行してみましょう。例えば、「node hello.js 123 456」といった具合ですね。すると、「合計: 123 + 456 = 579」といった結果が出力されます。

では、コードの内容がどうなっているか、AIからの応答をさらに見てみましょう。

コマンドプログラムを作ろう | 2-1

リスト2-8 応答（続き）

スクリプトの説明

1. コマンドライン引数の取得と変換：

```
const num1 = parseInt(process.argv[2]);
const num2 = parseInt(process.argv[3]);
```

`process.argv` 配列の3番目と4番目の要素を取得し、それらを整数に変換します。これは、コマンドラインから渡された2つの数値に対応します。

2. 合計の計算：

```
const sum = num1 + num2;
```

取得した2つの数値の合計を計算します。

3. 結果の表示：

```
console.log(`合計: ${num1} + ${num2} = ${sum}`);
```

計算結果をコンソールに出力します。

このシンプルなコードは、コマンドラインから必ず2つの数値が渡されることを前提にしており、余計なチェックや処理を省略しています。

---

process.argv[2]とprocess.argv[3]で、2つのコマンドライン引数の値が取り出せます。ただし！ 注意したいのは、「コマンドライン引数の値は文字列である」という点です。引数に数字を指定しても、得られる値は文字列になるのです。

そこで、以下のようにして値を取り出しています。

```
const num1 = parseInt(process.argv[2]);
const num2 = parseInt(process.argv[3]);
```

parseIntは、引数の値を整数に変換する関数です。これを使って引数の値を整数にして利用をします。「コマンドライン引数は文字列。数値などは必ず変換して使う」ということを忘れないようにしましょう。

いくつもの値が引数で渡される

　これで引数の使い方はわかりましたが、引数は正しく使わないとエラーになってしまうこともあります。例えば、今のプログラムを実行するのに「node hello.js」と引数を付けずに実行するとどうなるでしょうか。試してみると、「合計: NaN + NaN = NaN」といった何だかよくわからない表示がされるでしょう。NaNは「Not a Number」の略で、数字でない値を表す特別な値です。引数がないため、値を正しく得ることができず、こんな表示になってしまったのです。

図2-7　引数がないとNaNと表示がされる。

引数をチェックして処理する

　では、入力された引数をチェックして、どんな引数にも対応できるようにするにはどうすればいいのでしょうか。これはちょっと難しそうですね。AIに質問してみましょう。

リスト2-9 プロンプト

引数に渡した整数を合計するサンプルを考えてください。ただし、引数にはいくつ値が渡されるかわかりません。まったくない場合もあります。また整数以外の値が渡されることもあります。

リスト2-10 応答

以下に、コマンドライン引数として渡された整数を合計するNode.jsのサンプルコードを示します。このコードでは、引数がない場合や整数以外の値が渡された場合も適切に処理します。

```javascript
// コマンドライン引数を取得します(最初の2つは無視)。
const args = process.argv.slice(2);

// 有効な整数を合計するための変数を初期化します。
let sum = 0;

// 各引数をループして処理します。
args.forEach(arg => {
  // 引数を整数に変換し、変換が有効かどうかをチェックします。
  const num = parseInt(arg);
  if (!isNaN(num)) { // NaN でない(有効な整数)の場合
```

コマンドプログラムを作ろう | 2-1

```
    sum += num; // 合計に追加
  }
});

// 合計を表示します。
console.log(`合計: ${sum}`);
```

　いきなりコードが生成されました。もちろん「サンプルを考えて」といったのでこれでいい
のですが、もう少しコマンドライン引数の処理について説明があると思ったのですが……。
　AIの応答は、このように「細かい解説をすっ飛ばしてコードで説明する」ということがよ
くあります。「コードを見ればわかるでしょ？」という考えのようです。
　では、生成されたコードの説明を見ながら、やっていることを整理していきましょう。

リスト2-11 応答（続き）

コードの説明

1. 引数の取得:

```
const args = process.argv.slice(2);
```

`process.argv` からコマンドライン引数を取得し、最初の2つ(Node.jsの実行パスとスクリプトのパス)を
除去して処理対象とします。

2. 合計の初期化:

```
let sum = 0;
```

合計を保存する変数 `sum` を初期化します。

3. 引数のループ処理:

```
args.forEach(arg => {
  const num = parseInt(arg);
  if (!isNaN(num)) {
    sum += num;
  }
});
```

各引数をループして `parseInt` を使って整数に変換します。`parseInt` は第2引数に基数(ここでは10
進数)を指定することが推奨されます。
`isNaN(num)` を使用して、変換された値が有効な整数かどうかをチェックします。有効な整数の場合は
`sum` に加算します。

43

Chapter-2 | コマンドプログラムで基本を覚えよう

4. 結果の表示:

```
console.log(`合計: ${sum}`);
```

最終的な合計を表示します。

コマンドライン引数だけを取り出す

　説明がやや舌っ足らずなので、よくわからない人もいることでしょう。もう少し細かく説明していきます。まず最初に、process.argv からプログラムとファイルのパスを取り除き、コマンドライン引数として渡されている値の部分だけを変数に取り出します。

```
const args = process.argv.slice(2);
```

　「slice」というのは、配列で指定した範囲の要素を取り出すものです。これは通常、以下のように呼び出します。

```
変数 = 配列.slice( 開始 , 終了 );
```

　インデックスのどこからどこまでを取り出すかを引数で指定するのですね。例えば、slice(1, 3) とすると、インデックス番号1（つまり、2番目の値）から3の手前（3番目の値）までを取り出します。
　では、今回のように引数が1つだけだった場合は？ これは、「指定したインデックスから後の要素全部」を示します。例えば、slice(3) とすると、インデックス番号3から最後までの要素がまとめて取り出されるのです。process.argv.slice(2) は、つまりインデックス番号2より後のものすべて（つまり、最初と2番目を取り除いたもの）が得られるわけです。

全引数を処理する

　続いて、取り出したコマンドライン引数の配列から値を合計していきます。これは、「forEach」というメソッドを使っています。

```
args.forEach(arg => {
  // 繰り返す処理
});
```

　このforEachは、配列のメソッドです。これは、配列の各要素ごとに引数の処理を実行していくものです。引数にはアロー関数が用意されていて、このアロー関数の引数に配列の要素が順に代入されて呼び出されます。アロー関数というのは、(引数)=>{ 処理 }という

形で書かれた無名関数のことです。

つまり、こういうことですね。

```
["A", "B", "C"].slice(arg => {…繰り返す処理…});
```

↓

```
"A" => {…繰り返す処理…}
"B" => {…繰り返す処理…}
"C" => {…繰り返す処理…}
```

こんな具合に、配列の各要素ごとに引数の処理が実行されていきます。引数にアロー関数を用意するのでちょっとわかりにくいですが、まぁやっていることはfor of構文などと同じといっていいでしょう。

このforEachのアロー関数では、引数として渡された値をチェックし、sumに加算する処理を行っています。

```
const num = parseInt(arg);
if (!isNaN(num)) {
    sum += num;
}
```

parseIntで整数に変換するのは既にやりましたね。問題はその後です。!isNaN(num)という値をチェックしていますね。

parseIntは引数を整数に変換しますが、では文字列などで数値に変換できないようなものが引数にあった場合はどうなるのでしょうか。これは、NaNという値が返され、「これは数値ではありませんよ」ということを知らせるようになっているのですね。

isNaNという関数は、引数がNaNかどうかチェックするもので、NaNならばtrueに、そうでなければfalseになります。!isNaN(num)をチェックすることで、引数のnumがNaNでない場合(つまり、数値の場合)に限り、sum += num;を実行するようにしていたのですね。

コードを実行しよう

コードの流れがわかったところで、実際にいろいろな引数を付けてコードを実行してみましょう。これもプロンプトに実行例がありました。

Chapter-2 | コマンドプログラムで基本を覚えよう

リスト2-12 応答(続き)

実行例
1. 引数が整数の場合:

```
node hello.js 10 20 30
```

出力:

```
合計: 60
```

```
問題   出力   デバッグ コンソール   ターミナル   ポート   AZURE              pwsh  + ∨  □  🗑  …  ∧  ×
PS C:\Users\tuyan\Desktop\hello-app> node hello.js 10 20 30
合計: 60
○ PS C:\Users\tuyan\Desktop\hello-app> ▌
                        行 1、列 2   スペース: 2   UTF-8   CRLF   {} JavaScript   ⊘ Go Live   ↻   ○
```

図2-8 3つの引数を付けて呼び出す。

2. 引数に整数以外の値が含まれる場合:

```
node hello.js 10 abc 20 30.5 def
```

出力:

```
合計: 30
```

```
問題   出力   デバッグ コンソール   ターミナル   ポート   AZURE              pwsh  + ∨  □  🗑  …  ∧  ×
PS C:\Users\tuyan\Desktop\hello-app> node hello.js 10 abc 20 30.5 def
合計: 60
○ PS C:\Users\tuyan\Desktop\hello-app> ▌
●
                        行 1、列 2   スペース: 2   UTF-8   CRLF   {} JavaScript   ⊘ Go Live   ↻   ○
```

図2-9 整数以外の値が引数にあっても整数だけを合計する。

3. 引数がない場合:

```
node hello.js
```

出力:

```
合計: 0
```

コマンドプログラムを作ろう | 2-1

```
問題   出力   デバッグ コンソール   ターミナル   ポート   AZURE              ⌄ pwsh  ＋ ⌄  ▢  🗑  …  ∧  ✕

PS C:\Users\tuyan\Desktop\hello-app> node hello.js
合計: 0
PS C:\Users\tuyan\Desktop\hello-app> █
```

行1, 列2   スペース: 2   UTF-8   CRLF   {} JavaScript   Go Live

図2-10 引数がない場合、ゼロになる。

　引数がいくつあっても、また数値以外のものがあっても、これで問題なく処理が行えるようになりました。コマンドライン引数の処理というのは、意外に奥が深いのですね！

Chapter 2 コマンドプログラムで基本を覚えよう

2-2
Section
インタラクティブな
プログラム

テキストを入力するには？

コマンドライン引数は、あらかじめ「こういう値を用意してプログラムに渡す」ということがわかっている場合、非常に有効です。ただし、これはあらかじめ「このプログラムは、こういう値を引数で渡す」ということがはっきり決まっている場合に有効なものです。

プログラムが複雑になってくると、事前に「これとこれを引数で渡す」とはっきり決められない場合も増えてきます。こうした場合、引数よりもプログラムの実行中に「これの値を入力して！」と必要に応じてユーザーから値を入力してもらいながら処理したほうがいいでしょう。

このように、ユーザーからプログラムを入力してもらうにはどうすればいいのでしょうか。AIに教えてもらいましょう。

リスト2-13 プロンプト

Node.jsで、ターミナルからテキストを入力して処理する方法は？

リスト2-14 応答

Node.jsでターミナルからテキストを入力して処理するには、標準入力ストリーム（`stdin`）を使用します。以下に、基本的な方法を紹介します。

```
const readline = require('readline');

// readline インターフェースを作成します。
const rl = readline.createInterface({
  input: process.stdin,
  output: process.stdout
});

// 質問をターミナルに表示し、入力を待ちます。
rl.question('テキストを入力してください: ', (input) => {
  console.log(`入力されたテキスト: ${input}`);
```

インタラクティブなプログラム | 2-2

```
    // インターフェースを閉じて、プログラムを終了します。
    rl.close();
});
```

このコードは、ユーザーがターミナルにテキストを入力し、Enter キーを押すと、そのテキストをコンソールに
出力します。

図2-11 ユーザーから入力されたテキストを表示する。

　コードがズラッと表示されましたが、ちょっとよくわからないかも知れませんね。とりあ
えず、作成されたコードをコピーしてhello.jsにペーストし、実行してみましょう。すると、
「テキストを入力してください:」と表示され、ユーザーがテキストを書き込めるようになり
ます。なにか書いてEnter キーを押すと、入力したテキストが表示されます。

readline モジュールの利用

　確かに、ユーザーがテキストを入力することはできました。けれど、このコードは一体、
何を行っているのでしょうか。もう少し詳しく説明をしてもらいましょう。

リスト2-15 プロンプト

このコードでユーザーからテキストを入力してもらう仕組みをわかりやすく説明してください。

リスト2-16 応答

このコードは、Node.jsの `readline` モジュールを使って、ターミナルからユーザーにテキストを入力し
てもらい、その入力を取得して表示するシンプルなプログラムです。以下に、コードの各部分の役割とその働き
を詳しく説明します。

コードの説明
1. `readline` モジュールの読み込み:

```
const readline = require('readline');
```

● `readline` モジュールは、ターミナルでのユーザー入力を扱うための組み込みモジュールで
す。
● `require('readline')` により、このモジュールを読み込み、変数 `readline` に代入します。

49

Chapter-2 | コマンドプログラムで基本を覚えよう

　ユーザーから入力をしてもらうには、「readline」というモジュールを利用する必要があるようです。これは、Node.jsに標準で用意されているものなので、別途モジュールのインストールなどを行う必要はありません。

　モジュールの利用は、「require」というものを利用します。

```
const 定数 = require( モジュール );
```

　このようにして、モジュールを読み込み定数に代入しておきます。後は、この定数を使って、モジュール内のメソッドを呼び出したりして利用するのですね。

　モジュールの読み込みは、今回のreadlineに限らず、これから何度も使うことになるものなので、ここで読み込み方の基本をよく頭に入れておきましょう。

インターフェースを作成する

　では、readlineモジュールの使い方を見てみましょう。先ほどの応答の続きは以下のようになっていました。

リスト2-17 応答（続き）

2. `readline` インターフェースの作成:

```
const rl = readline.createInterface({
  input: process.stdin,
  output: process.stdout
});
```

● `readline.createInterface` メソッドは、ユーザーとの対話（対話的な入出力）を行うためのインターフェースを作成します。
● `input` と `output` のプロパティを指定することで、標準入力（`process.stdin`）と標準出力（`process.stdout`）を使用して、ターミナルからの入力を受け取り、ターミナルに出力する設定をしています。

　いきなり「インターフェースの作成」なんてものが出てきました。ここでビビってしまった人も多いことでしょう。が、実はそんなに怖いものではありません。もう少し噛み砕いて説明しましょう。

　このインターフェースというのは、「readlineを使うときの、入力と出力をどうするか、を設定したオブジェクト」のことだと考えてください。これは、以下のようにして作成をします。

50

インタラクティブなプログラム | 2-2

```
変数 = readline.createInterface({input:入力先, output:出力先});
```

わかりますか？ 引数に、入力先と出力先の情報を持ったオブジェクトを用意します。これで、指定した先とやり取りする入出力の設定ができたわけです。

ここでは、入出力に以下のような値を指定していますね。

input: process.stdin	標準入力（ターミナルからの入力）
output: process.stdout	標準出力（ターミナルへの出力）

これで、ターミナルに入出力を行う設定オブジェクトができます。なんでこんなことをするのか？ というと、このように入出力先を設定できるようにすることで、例えば「ログファイルに出力する」とか「ネットワーク先から入力する」というような場合にも、このreadlineが使えるようになるのですね。

ですから、「ターミナルから入力する」という場合は、inputとoutputにprocessのstdinとstdoutを指定する、と覚えてしまうといいでしょう。それ以外の値を指定することはありません。

こうしてインターフェースというオブジェクトが用意できたら、後はオブジェクトからメソッドを呼び出して操作をするだけです。

readlineで値を入力する

では、どうやってターミナルから値を入力してもらうのでしょうか。AIからの応答ではさらに以下のように説明されていました。

リスト2-18 応答（続き）

3. 質問を表示し、ユーザーの入力を待つ：

```
rl.question('テキストを入力してください: ', (input) => {
  console.log(`入力されたテキスト: ${input}`);
  rl.close();
});
```

● `rl.question` メソッドを使って、ユーザーに対してメッセージ（質問）を表示し、入力を待ちます。

● `"テキストを入力してください: "` という文字列がターミナルに表示され、ユーザーが入力を終えて Enter キーを押すと、`input` 変数に入力されたテキストが渡されます。

● コールバック関数（`(input) => { ... }`）内では、ユーザーが入力したテキストが `input` 変数に格納されます。

51

Chapter-2 | コマンドプログラムで基本を覚えよう

- このテキストは、`console.log` によって `入力されたテキスト: ${input}` という形式で表示されます。
- 最後に、`rl.close()` メソッドを呼び出して `readline` インターフェースを閉じ、プログラムの入力受付を終了します。

このプログラムは、ユーザーからの単純なテキスト入力を取得し、その結果を表示するための基本的な方法を示しています。`readline` モジュールを使うことで、Node.js アプリケーションがターミナルと対話的にやり取りすることが可能になります。これにより、簡単なCLIアプリケーションを作成したり、ユーザーの入力を処理することができます。

作成したインターフェース(rl)から「question」というメソッドを呼び出して入力を行います。ただし、これはちょっと呼び出し方に注意が必要です。こんな具合に利用するのです。

```
rl.question(テキスト, (input) => {
  // inputを使った処理
  rl.close();
});
```

questionは、非同期メソッドなのです。非同期とは、つまり「処理を停止しない」メソッドです。questionは、ユーザーからテキストを入力するメソッドですが、入力が完了するまでにはけっこうな時間がかかります。「入力して」と表示されてから、ユーザーがなにか書いてEnterを押して確定するまで、数秒から十数秒、場合によってはもっとかかることもあるでしょう。その間、ずっとプログラムは停止してないといけません。これは、時間の無駄ですね。

他にやるべき処理がいろいろあるような場合は、「いろいろやることがあるから、先に行ってるよ。ゆっくり入力して。終わったら呼んで！」というほうがずっと効率的です。そこで、非同期にして、questionが呼び出されたら(入力を待たずに)そのまま次の処理に進んでいくようになっているのです。

では、入力してもらった後の処理はどうするのか？ それを用意しておくのが、引数にあるアロー関数です。questionの入力が終わると、引数に用意された関数が実行されます。この関数では、引数に入力したテキストが渡されるようになっています。これを使い、必要な処理を行えばいいのです。

こうした「非同期処理が終わった後で呼び出される処理」のことを「コールバック」といいます。questionは、引数にコールバック関数を用意し、そこで入力後の処理を行うようになっていたのですね。

最後に、受け取った値の処理が完了したら「close」というメソッドを呼び出すのも忘れないようにしましょう。これで入出力用に用意したリソースを開放しておきます。

インタラクティブなプログラム | 2-2

readlineで入力する

では、実際にreadlineを使って値を入力するサンプルを作ってみましょう。AIに簡単な
サンプルを作ってもらいます。

リスト2-19 プロンプト

readlineで整数を入力したら、1からその値までの合計を計算し表示するコードを作って。

リスト2-20 応答

以下は、`readline` を使用して整数を入力し、1からその値までの合計を計算して表示するNode.jsのコー
ドです。

```javascript
const readline = require('readline');

// readline インターフェースを作成
const rl = readline.createInterface({
  input: process.stdin,
  output: process.stdout
});

// 整数の入力を受け取る関数
function getInput() {
  rl.question('整数を入力してください: ', (input) => {
    // 入力された値を整数に変換
    const number = parseInt(input);

    // 入力が整数でない場合は再度入力を求める
    if (isNaN(number)) {
      console.log('整数を入力してください。');
      getInput(); // 再帰的に自身を呼び出し
      return;
    }

    // 1から入力された値までの合計を計算
    let sum = 0;
    for (let i = 1; i <= number; i++) {
      sum += i;
    }

    // 合計を表示
    console.log(`1から${number}までの合計は ${sum} です。`);

    // readline インターフェースを閉じる
```

```
      rl.close();
    });
}

// 入力を受け取る関数を呼び出し
getInput();
```

このコードでは、`readline` を使用してユーザーから整数の入力を受け取ります。ユーザーが整数以外の値を入力した場合は再度入力を求めます。そして、1からその整数までの合計を計算して表示します。

ここでは、整数を入力したらその値までの合計を計算するサンプルを作ってもらいました。生成されたコードをhello.jsに記述して実行してみましょう。

図2-12 整数を入力しEnterするとその数までの合計を計算する。

コードの流れを調べる

実に簡単にサンプルができてしまいました。AIを使えば、このぐらいのコードはほぼノーミスで生成してくれます。ただし、できてちゃんと動いたから「よかった、おしまい」ではありませんよ。

AIでコードを生成してもらう理由、それは「学習のため」です。生成されたコードを読み、どのように処理を行っているのかを理解し、自分のものにするためです。コードをそのまま書いて動いたら終わり、ではありませんよ。

では、コードを見ていきましょう。まず最初に、readlineモジュールを読み込み、createInterfaceを使ってインターフェースを作成しています。

```
// readlineモジュールを用意
const readline = require('readline');

// readline インターフェースを作成
const rl = readline.createInterface({……});
```

この処理は、readlineを使うときの基本コードです。必ず使うものですから、内容など

よくわからなくとも「この通りに書けばOK」と考えましょう。

この後に、getInputという関数が定義され、これを呼び出しています。コードは、以下のようになっていることがわかります。

```
function getInput() {……}

getInput();
```

getInput関数を定義し、それを呼び出しています。このgetInputで、入力と計算の処理を行っているのですね。

questionによる入力処理

では、getInputで行っている処理を見てみましょう。ここでは、さっそくquestionを利用していますね。

```
rl.question('整数を入力してください: ', (input) => {
  const number = parseInt(input);
```

引数に用意したアロー関数では、inputをparseIntで整数に変換し、変数に収めています。続いて、整数でなかった場合の処理を行っています。

```
if (isNaN(number)) {
  console.log('整数を入力してください。');
  getInput();
  return;
}
```

isNaNで整数が得られなかった場合は、またgetInputを呼び出しています。「getInputの中で実行しているのに、またgetInputを呼び出すの？」と驚いたかも知れません。プログラミング言語では、「ある関数の中から、その関数自身を呼び出す」ということができます。

これは「再帰」と呼ばれます。再帰は、けっこう難易度の高いテクニックなのでここで理解する必要はありません。ただ、「関数というのは、その中から自分自身を呼び出すこともできる」ということだけ覚えておきましょう。

Chapter-2 | コマンドプログラムで基本を覚えよう

合計を計算し表示する

さて、問題なく整数が得られたなら、後は合計を計算して表示するだけです。

```
let sum = 0;
for (let i = 1; i <= number; i++) {
  sum += i;
}
console.log(`1から${number}までの合計は ${sum} です。`);
```

合計の計算は、forを使って行っています。これで1からnumberまでの値をsumに足していけば合計が計算できますね。

計算が終わったら、結果をconsole.logで表示します。最後に、関数を抜ける前にrl.close();でインターフェースを開放して作業終了です。

いかがですか。非同期のquestionを利用してユーザーから入力を受け取り処理する流れが、だいたいわかってきたでしょうか。

もっと簡単に入力したい！

それにしても、非同期で処理をするreadlineは、「ちょっとテキストを入力したい」というだけなのに、ずいぶん面倒なことをしないといけません。もっと簡単に入力する方法はないのか？ AIに聞いてみましょう。

リスト2-21 プロンプト

questionを非同期ではなく同期処理したい。

リスト2-22 応答

Node.js では、標準のライブラリだけを使用してターミナルからの入力を同期的に処理することはできません。なぜなら、Node.js の標準ライブラリは非同期処理を前提に設計されているからです。ただし、外部のライブラリを使うことで、同期的にユーザー入力を処理することが可能です。

ここでは、`readline-sync` ライブラリを使用して、同期的にターミナルからの入力を処理する方法を紹介します。

標準のライブラリだけでは「できません」といわれてしまいました。どうやら簡単に同期処理で入力するには、外部ライブラリを利用しなければいけないようです。

インタラクティブなプログラム | 2-2

外部パッケージを利用する

Node.jsには、「npm」というパッケージ管理ツールが標準で用意されています。「パッケージ」というのは、Node.jsで作成して再配布可能な形にまとめたものです。

Node.jsで作ったプログラムは、再配布可能なパッケージという形で流通しています。使いたいライブラリなどがあったときには、パッケージ管理ツールを使っていつでもインストールし利用することができるようになっているのです。

ユーザーからの入力をもっと手軽に行えるようなパッケージとして、AIは「readline-sync」というものがあると教えてくれました。これを利用するにはどうすればいいのでしょう?

パッケージをインストールするには?

では、外部からパッケージをインストールして利用するにはどうすればいいのか、AIに質問しましょう。

リスト2-23 プロンプト

Node.jsのプログラムでパッケージをインストールして利用するには、どのようにすればいいですか。

リスト2-24 応答

Node.jsのプログラムで外部パッケージをインストールして利用するには、以下の手順を実行します。この手順では、npm（Node Package Manager）を使用してパッケージをインストールし、それをプログラム内で使用する方法を説明します。

手順1: Node.jsプロジェクトの準備
1. プロジェクトディレクトリの作成:
ターミナルまたはコマンドプロンプトを開き、プロジェクトのための新しいディレクトリを作成します。

```
mkdir my-node-project
cd my-node-project
```

Node.jsプロジェクトの準備から説明が始まりました。これは、実は既に皆さんは行っています。「hello-app」というフォルダーを作り、そこにJavaScriptファイルを配置していましたね。実は、これはNode.jsプロジェクト作成の基本手順だったのです。

Node.jsプロジェクトというのは、Node.jsのプログラムを作成する際のもっともスタンダードな形です。Node.jsプロジェクトを作成し、そこに必要なファイルなどを追加してプログラムを作成していくのです。Node.jsプロジェクトにしておくと、必要なパッケージのインストールや管理などが簡単に行えるようになります。

57

プロジェクトの初期化

では、用意したフォルダー（hello-app）をNode.jsプロジェクトにするにはどうすればいいのでしょうか。応答の続きを見てみましょう。

リスト2-25 応答(続き)

2. `package.json` の作成:
プロジェクトディレクトリで `npm init` コマンドを実行して、`package.json` ファイルを作成します。このファイルはプロジェクトのメタデータを管理します。

```
npm init -y
```

`-y` フラグを使用すると、デフォルト設定で `package.json` を自動生成します。対話的に設定したい場合は `npm init` を実行して、プロンプトに従います。

「npm init -y」というコマンドでフォルダーがNode.jsプロジェクトとして初期化され、必要なファイルが作成される、ということですね。

では、実際にやってみてください。VSCodeのターミナルから「npm init -y」を実行してみましょう。何かよくわからない出力がズラッと書き出され、再び入力できるようになったら初期化は完了しています。

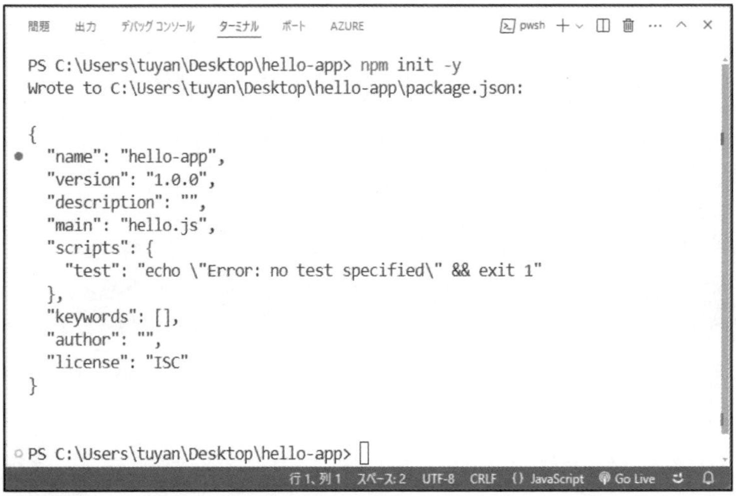
問題 出力 デバッグ コンソール ターミナル ポート AZURE
pwsh
PS C:\Users\tuyan\Desktop\hello-app> npm init -y
Wrote to C:\Users\tuyan\Desktop\hello-app\package.json:
{
"name": "hello-app",
"version": "1.0.0",
"description": "",
"main": "hello.js",
"scripts": {
"test": "echo \"Error: no test specified\" && exit 1"
},
"keywords": [],
"author": "",
"license": "ISC"
}
PS C:\Users\tuyan\Desktop\hello-app>
行 1、列 1 スペース: 2 UTF-8 CRLF {} JavaScript Go Live

図2-13 npm init -yを実行する。

初期化すると何が起こるのか？ それは、フォルダー内に「package.json」というファイルが作成されるのです。これは、プログラムのパッケージ情報を記述したファイルで、これを元にパッケージの管理を行うようになっています。

図2-14 初期化すると、package.jsonというファイルが作成される。

パッケージをインストールする

　初期化ができたら、外部パッケージをプロジェクトにインストールして使えるようになります。では、インストールの手順がどうなっているか、引き続き応答を見ていきましょう。

リスト2-26 応答（続き）

```
手順2: npmを使用して外部パッケージをインストールする
1. パッケージのインストール:
必要なパッケージを `npm install` コマンドでインストールします。

    npm install パッケージ

このコマンドにより、`node_modules` ディレクトリが作成され、その中に パッケージがインストールされます。また、`package.json` に パッケージが依存パッケージとして追加され、`package-lock.json` も生成されます。

手順3: プログラム内でパッケージを利用する
1. `require` を使ってパッケージを読み込む:
インストールしたパッケージをNode.jsのプログラムで使用するには、`require()` 関数を使用します。次のように、必要なモジュールをプログラム内で `require()` を使って読み込みます。

    const モジュール名 = require('モジュール名');
```

　パッケージのインストールは、「npm install パッケージ」というコマンドで行えるようです。そしてインストールしたパッケージは、require関数を使って読み込み、定数などに代入して使うことができるようになります。このあたりは既に経験済みですからわかりますね。

readline-syncをインストールする

さて、パッケージをインストールして使う準備が整いました。では、先にAIが教えてくれた「readline-sync」というパッケージを使ってみることにしましょう。readline-syncについて教えてくれた応答では、そのまま使用する方法についても説明されていました。

リスト2-27 応答（続き）

`readline-sync` を使用する方法
1. インストール: `readline-sync` をインストールします。ターミナルで次のコマンドを実行します。

```
npm install readline-sync
```

npm installでreadline-syncをインストールすればいいのですね。ではやってみましょう。VSCodeのターミナルから「npm install readline-sync」を実行してみてください。ネットワーク経由で必要なファイル類がダウンロードされ、プロジェクトにインストールされます。再び入力状態に戻り、エラーなどが表示されていなければ正常にインストールできています。

図2-15　npm installでreadline-syncをインストールする。

package.jsonについて

readline-syncのインストールができて準備が整ったところで、パッケージのインストールによってプロジェクトがどう変化したか見てみましょう。

まず、package.jsonを開いてください。これは、このプロジェクトのパッケージ情報が記述されている、と説明しましたね。どのようなことが書かれているのでしょうか。見てみましょう。

リスト2-28

```
{
  "name": "hello-app",
```

インタラクティブなプログラム | 2-2

```
  "version": "1.0.0",
  "description": "",
  "main": "hello.js",
  "scripts": {
    "test": "echo \"Error: no test specified\" && exit 1"
  },
  "keywords": [],
  "author": "",
  "license": "ISC",
  "dependencies": {
    "readline-sync": "^1.4.10"
  }
}
```

　package.jsonは、拡張子から想像がつくように、JSONフォーマットでデータが記述されています。多くの項目は、名前やバージョンなど想像がつくものですが、中にはいくつか説明が必要なものもあります。以下に簡単に説明しておきましょう。

●メインプログラムの指定

```
"main": "hello.js"
```

　これは、このプログラムをパッケージとして他のプログラム内から利用するような場合に使われるものです。nodeコマンドでコードを実行するだけなら特に考える必要はありません。

●スクリプト

```
"scripts": {
  "test": "echo \"Error: no test specified\" && exit 1"
}
```

　これは、npmのコマンドの定義です。「npm run コマンド」という形で実行できるコマンドを定義します。ここでは"test"というものが定義されており、これにより「npm run test」で用意した処理が実行されます（デフォルトで用意されているのは、echoでメッセージを表示するだけのものです）。

Chapter-2 | コマンドプログラムで基本を覚えよう

●依存パッケージ

```
"dependencies": {
  "readline-sync": "^1.4.10"
}
```

　これは、非常に重要です。"dependencies"には、このプログラムが依存するパッケージ（要するに、どんなパッケージを利用しているか）の記述があります。npm installでインストールしたパッケージは、ここに追加されます。また、ここに記述をしておくことで、「npm install」で必要なパッケージをまとめてインストールすることもできるようになります。

「node_modules」フォルダーについて

　npm installでパッケージをインストールすると、もう1つ作成されるものがあります。それが「node_modules」フォルダーです。

　このフォルダーは、npm installで指定したパッケージをインストールする場所です。この中に、インストールしたパッケージがすべて保存されます。従って、これを勝手に削除したりするとプログラムが実行できなくなります。

　このフォルダーの中を見てみると、インストールした「readline-sync」以外にもいくつかのパッケージがインストールされていることがわかります。これはなぜか？ それは、readline-syncも他のパッケージを利用しているからです。

　readline-syncを使うには、このreadline-syncが利用しているパッケージもインストールする必要があります。それらのパッケージを使うには、それらがさらに利用しているパッケージを調べてインストールしないといけません。それらのパッケージを使うには……というように、1つのパッケージをインストールするだけでなく、それが必要とするものをすべて用意しないといけないのですね。npmは、こうしたパッケージに必要なものを管理し、まとめてインストールするようになっているのです。

　こうした作業を、ユーザーが自分で行おうとするとかなり大変ですね。1つ1つのパッケージごとに、どのパッケージが必要か調べてインストールしていかないといけないのですから。npmのようなパッケージ管理ツールを使えば、そうした煩わしさから解放されます。

図2-16　「node_modules」フォルダーには、readline-sync以外にもパッケージがインストールされている。

readline-syncを使ってみる

さあ、ようやくreadline-syncを使う準備が整いました。では、readline-syncの使い方をAIの応答から見てみましょう。

リスト2-29 応答（続き）

2. 使用方法：ユーザー入力を同期的に取得するコードは以下のようになります。

```
// readline-sync モジュールを読み込みます。
const rl = require('readline-sync');

// プロンプトを表示して、ユーザーからの入力を待ちます。
const input = rl.question('テキストを入力してください: ');

// 入力されたテキストを表示します。
console.log(`入力されたテキスト: ${input}`);
```

このコードは、`readline-sync` ライブラリを使用して、同期的にユーザーの入力を受け取ります。ユーザーが Enter キーを押すまで処理は停止し、入力を受け取った後に次の処理に進みます。

readline-syncを利用するには、最初にrequireを用意します。これはもうわかりますね。

```
const rl = require(readline-sync');
```

Chapter-2 | コマンドプログラムで基本を覚えよう

これでreadline-syncモジュールが定数rlに代入されます。後はそこから入力のための
メソッドを呼び出すだけです。

```
変数 = rl.question( メッセージ );
```

メソッドは、readlineにあったquestionという名前になっています。これを呼び出すと、
そのままテキストを入力できるようになっているのです。

readline-syncを使って書き直す

では、readline-syncを使ってみましょう。先ほど、readlineを使って整数を入力して、
その合計を計算するサンプルを作りましたね。これを、readline-sync利用の形に修正し
てみましょう。

リスト2-30

```javascript
const rl = require('readline-sync');

// 整数の入力を受け取る関数
function getInput() {
  // ユーザーからの入力を取得
  const input = rl.question('整数を入力してください: '); // ☆

  // 入力された値を整数に変換
  const number = parseInt(input);

  // 入力が整数でない場合は再度入力を求める
  if (isNaN(number)) {
    console.log('整数を入力してください。');
    getInput(); // 再帰的に自身を呼び出し
    return;
  }

  // 1から入力された値までの合計を計算
  let sum = 0;
  for (let i = 1; i <= number; i++) {
    sum += i;
  }

  // 合計を表示
  console.log(`1から${number}までの合計は ${sum} です。`);
}
```

```
// 入力を受け取る関数を呼び出し
getInput();
```

　このようになりました。ユーザーから数値を入力してもらう処理は、以下のようにシンプルになりました。

```
const input = rl.question('整数を入力してください: ');
```

　非同期も何もありません。これで、ユーザーからの入力を変数inputに受け取ることができます。これなら、手軽に使えますね！

テキストが文字化けする!?　　　　　　　　　　　　　　　Column

　今回のプログラムを実行したとき、Windowsユーザーの中にはrl.questionで出力した日本語が文字化けしてしまった人もいるかも知れません。これはWindowsのシステムで使用している文字コードがUTF-8になっていないのが原因です。もし文字化けしたら、以下の手順で設定を変更して下さい。

1. スタートボタンから「設定」アプリを起動し、「時刻と言語」から「言語と地域」を選びます。
2. 「管理用の言語の設定」をクリックし、「地域」設定のプログラムを開きます。
3. 「システムロケールの変更」ボタンをクリックし、現れたダイアログで「ワールドワイド言語サポートでUnicode UTF-8を使用」をONにします。

　「設定」アプリを終了し、VSCodeのターミナルを一度閉じてから改めて開き直して下さい。これで文字化けせずに表示されるはずです。

Chapter-2 | コマンドプログラムで基本を覚えよう

question以外にもあるメソッド

このreadline-syncには、question以外にもメソッドが用意されています。どんなものかというと、「用意された値から選ぶ」という入力のためのものです。以下に簡単に説明しておきましょう。

●Yes/Noで選ぶ

```
rl.keyInYN( メッセージ )
```

YesかNoか、どちらかを選ぶのに使います。これを実行し、「y」「n」のどちらかのキーをタイプするとYesかNoが選択されます。戻り値は、Yesの場合はtrue、Noの場合はfalseになります。以下に利用例をあげておきます。

リスト2-31

```javascript
var rl = require("readline-sync");

if (rl.keyInYN('Yes or No?')) {
  console.log('Yes!!');
} else {
  console.log('No...');
}
```

```
問題   出力   デバッグ コンソール   ターミナル   ポート   AZURE          pwsh  + ∨  □  🗑  …  ∧  ×
PS C:\Users\tuyan\Desktop\hello-app> node hello.js
Yes or No? [y/n]: y
Yes!!
○ PS C:\Users\tuyan\Desktop\hello-app> █

                          行9、列1  スペース:2  UTF-8  CRLF  {} JavaScript  ◉ Go Live  ⟳  ♤
```

図2-17 yかnをタイプすると結果が表示される。

● 配列から選択する

```
rl.keyInSelect( 配列, メッセージ );
```

あらかじめ選択肢を配列として用意しておき、これを使って入力をします。配列の要素を番号で入力します。以下に利用例をあげておきます。

66

インタラクティブなプログラム | 2-2

リスト2-32

```javascript
var rl = require("readline-sync");

const list = ['apple', 'banana', 'orange'];
const result = rl.keyInSelect(list,'Select fruit:');
console.log('you selected: ', list[result]);
```

```
問題    出力    デバッグ コンソール    ターミナル    ポート    AZURE                    pwsh  +  ∨  □  🗑  ⋯  ∧  ✕

PS C:\Users\tuyan\Desktop\hello-app> node hello.js

[1] apple
[2] banana
● [3] orange
[0] CANCEL

Select fruit [1, 2, 3, 0]: 1
you selcted:   apple
PS C:\Users\tuyan\Desktop\hello-app>

行 6、列 1    スペース: 2    UTF-8    CRLF    {} JavaScript    🌐 Go Live    ↻  🔔
```

図2-18 候補のリストから番号を入力する。

　これを実行すると、選択項目がリストで表示されます。その中から選びたい番号を入力すると、選んだ項目のインデックスが返されます。後はその値を使って配列から値を取り出し処理します。

questionだけはしっかりと！

　keyInYNもkeyInSelectも、覚えると便利ですが、まぁ無理に覚える必要はありません。questionさえきちんと覚えておけば、後はおまけと思っていいでしょう。readline-syncには、これ以外にもまだまだ機能が用意されています。興味のある人は調べてみましょう。

●readline-syncの公式サイト

https://github.com/anseki/readline-sync

Chapter-2 コマンドプログラムで基本を覚えよう

入力用関数を作れば便利！　　　　　　　　　　　　　　　Column

　ここではreadline-syncというものを使いましたが、日本語に難があるなど正直、使い勝手は今ひとつです。「もっと簡単にテキスト入力をできるようにしたい」と思うなら、いっそのこと、入力用の関数を自分で作ってしまいましょう。

　例えば、こんな感じです。

リスト2-33

```javascript
const readline = require('readline');

// 入力用関数
async function readLine(msg){
  const read = readline.createInterface({
    input: process.stdin,
    output: process.stdout
  });
  return new Promise((resolve, reject)=>{
    read.question(msg, (answer) => {
      resolve(answer);
      read.close();
    });
  })
};

// メインプログラム
async function main() {
  // ユーザーからの入力を取得
  const input = await readLine('お名前は？: ');
  // メッセージを表示
  console.log(`こんにちは、${input} さん！`);
}
main();
```

　ここではreadLineという関数を定義しました。これは、await readLine(○○)という具合に使えば、入力を待って値を受け取れるようになります。awaitを使うので、利用はasyncをつけた非同期関数の中で使うようにして下さい。

68

Chapter 3

データアクセスを考えよう

本格的なプログラムを作るには、外部のデータにアクセスすることができないといけません。ここでは、ファイルアクセスとネットワークアクセスについて説明します。

Chapter 3　データアクセスを考えよう

3-1
Section
ファイルの書き出し

ファイルに値を保存する

コマンドプログラムの基本的な使い方がわかったら、次はNode.jsの主な機能の使い方を覚えていくことにしましょう。

Node.jsには、さまざまな機能のためのモジュールが用意されています。それらを利用することで、各種の機能をプログラムに実装していけます。ただし、これらはWebブラウザのJavaScriptにはなかったものですから、すべて新たに覚えていかないといけません。

まずは、ファイルアクセスから調べていきましょう。ごく単純なところで、値をテキストファイルに保存する方法からです。AIに以下のように質問してみます。

リスト3-1 プロンプト

Node.jsで、テキストファイルに値を保存する方法についてわかりやすく説明して。

リスト3-2 応答

Node.jsでテキストファイルに値を保存するには、`fs`（ファイルシステム）モジュールを使用します。このモジュールを使うと、ファイルの読み書きを簡単に行うことができます。以下に、具体的な手順を示します。

基本的な手順
1. `fs`モジュールの読み込み: Node.jsの標準モジュールである`fs`を読み込みます。
2. ファイルに値を書き込む: `fs.writeFile`または`fs.writeFileSync`メソッドを使用して、ファイルにデータを書き込みます。

なるほど、「fs」というモジュールを利用するのですね。fsは、ファイルアクセスのための機能をまとめたもので、この中に必要な機能が一通り用意されています。ファイルに値を保存する場合は、「writeFile」「writeFileSync」といったものがあるようですね。

ファイルの書き出し | 3-1

writeFileでファイルに保存する

では、もっとも基本となる「writeFile」というものから使っていきましょう。AIからの応答の続きを見てみます。

リスト3-3 応答（続き）

`fs.writeFile`は、Node.jsの`fs`（ファイルシステム）モジュールの非同期メソッドで、指定したファイルにデータを書き込むために使用されます。

基本的な使い方

```
const fs = require('fs');

fs.writeFile('ファイル名', '書き込むデータ', （エラーハンドラー ） => {
    if （エラーハンドラー ） {
        console.error('エラーが発生しました:', エラーハンドラー );
    } else {
        console.log('データが正常に書き込まれました');
    }
});
```

各パラメータの説明

1. `ファイル名`:

- 書き込むファイルのパスを指定します。パスは相対パスや絶対パスを使用できます。
- 例：`output.txt` や `./data/output.txt`。
- ファイルが存在しない場合、新しいファイルが作成されます。既存のファイルが指定された場合、その内容は上書きされます。

2. `書き込むデータ`:

- ファイルに書き込む内容を指定します。文字列やバッファ（`Buffer`）を渡すことができます。
- 例：`Hello, World!` や `Buffer.from('Hello, World!')`。

3. `エラーハンドラ`:

- 書き込みが完了したときに呼び出されるコールバック関数です。エラーが発生した場合、そのエラーオブジェクトが第一引数として渡されます。
- エラーがない場合、この引数は`null`となり、正常に書き込まれたことを示します。

Chapter-3 | データアクセスを考えよう

writeFileメソッドは、非同期でファイルにデータを保存するものです。非同期ですから、実行するとすぐに次の処理に進み、保存処理はバックグラウンドで行われるようになります。そして保存が完了した後の処理を別途用意することになります。

引数を見ると、ファイル名と書き込むデータの後に「エラーハンドラ」というものが用意されていますね。これが、writeFile実行後に呼び出されるコールバック関数になります。

入力したテキストをファイルに保存する

では、実際にwriteFileを利用したサンプルを作成してみましょう。前章まで利用した「hello-app」プロジェクトをこの章でもそのまま使います。hello.jsを開き、以下のようにコードを書き換えましょう。

リスト3-4

```javascript
const fs = require('fs');
const rl = require('readline-sync');

// 書き込むデータ
const data = rl.question('Enter message: ');

// 非同期的にファイルに書き込む
fs.writeFile('output.txt', data, (err) => {
  if (err) {
    console.error('ファイルの書き込み中にエラーが発生しました:', err);
  } else {
    console.log('ファイルにデータが正常に書き込まれました');
  }
});
```

図3-1 メッセージを入力するとファイルに保存される。

実行すると、メッセージの入力待ちになるので、そのままテキストを書いてEnterしてください。記入したテキストがファイルに保存されます。

プロジェクトのフォルダー内を見ると、新たに「output.txt」というファイルが作成されていることがわかるでしょう。これが、テキストを保存したファイルです。これを開くと、保存したテキストが確認できます。

図3-2 output.txtを開くと、テキストが保存されているのが確認できる。

日本語が文字化けする！

皆さんの中には、「日本語を入力したら文字化けしてきちんと保存されない」という人もいたことでしょう。日本語がすべて文字化けしてファイルに書き出されてしまうのです。

これは、readline-syncとVSCodeのターミナルとの実装に問題があるためで、readline-syncは日本語のような多バイト文字の入力まで考えて設計されていないため、入力した文字から一部のコードが抜け落ちてしまい文字化けになるようです。VSCodeを使わず、コマンド実行のアプリケーションなどで確認すると正常に保存できることもあります。

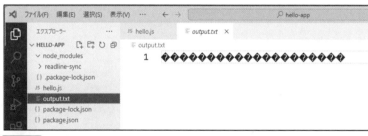

図3-3 日本語が文字化けする。

readlineで入力する

このような場合は、Node.js純正のreadlineを使えば問題なく日本語も入力できます。先ほどのコードを、純正のreadlineで作成した場合もあげておきましょう。

リスト3-5
```
const fs = require('fs');
const readline = require('readline');
```

Chapter-3 | データアクセスを考えよう

```
const rl = readline.createInterface({
  input: process.stdin,
  output: process.stdout
});

rl.question('Enter message: ', (data) => {
  rl.close();
  console.log(data);
  // 非同期的にファイルに書き込む
  fs.writeFile('output.txt', data, (err) => {
    if (err) {
      console.error('ファイルの書き込み中にエラーが発生しました:', err);
    } else {
      console.log('ファイルにデータが正常に書き込まれました');
    }
  });
});
```

writeFileSyncで同期書き込みする

writeFileは、非同期でファイルに書き込みを行うものでしたが、実は同期処理で書き込みを行うメソッドも用意されています。「writeFileSync」というものです。これの説明もAIにしてもらいましょう。

リスト3-6 応答(続き)

同期的に値を書き込む

同期的な書き込みは、処理が完了するまで他の処理をブロックします。小さなスクリプトや初期設定では便利ですが、大規模なアプリケーションでは非推奨です。

```
const fs = require('fs');

// 書き込むデータ
const data = 'こんにちは、Node.js！';

try {
    // 同期的にファイルに書き込む
    fs.writeFileSync('output.txt', data);
    console.log('ファイルにデータが正常に書き込まれました');
} catch (err) {
    console.error('ファイルの書き込み中にエラーが発生しました:', err);
}
```

なぜ、非同期の難しそうなwriteFileを先に説明したのか。それは「同期処理のwriteFileSyncは、本格的なプログラムでは使わないほうがいい」からです。

同期処理は、処理が完了してから次に進みます。ファイルの読み書きというのはけっこう時間がかかります。同期処理だと、完了するまで一切何もできないことになります。

例えば、巨大なデータがあって、すべて書き出すのに1分かかるとしましょう。すると、その1分の間、プログラムは何も操作できず、暴走したような状態になってしまいます。これは、あまりいいプログラムとはいえませんね。このため、時間のかかる処理は非同期版を使うことが推奨されているのです。

ただし、ちょっとした読み書きならば、そんなに気にすることはないでしょう。慣れないうちは、少しでも簡単なコードのほうがわかりやすいですから、よりシンプルな同期版の使い方も覚えておいたほうがいいでしょう。

同期版の「writeFileSync」は、以下のように実行します。

```
fs.writeFileSync( ファイル名, データ );
```

実に単純ですね。保存するファイルの名前と、保存するデータを引数に指定するだけです。もし、保存時に何らかの問題が起きた場合は、例外が発生するので、tryで処理するようにしておきます。

ファイルに追記する

ファイルへの保存では、もう1つ「追記」についても覚えておきましょう。writeFile/writeFileSyncは、既にあるファイルに書き込んだ場合、完全に内容を書き換えます。つまり、それまで書かれていたものはすべて消え、新たに書き込んだ値に置き換わるわけです。

追記方式は、既にあるデータの末尾に新たなデータを付け足していきます。これはどのように行うのでしょうか。AIの説明を見てみましょう。

リスト3-7 応答（続き）

ファイルに追記する方法

新しい内容を既存のファイルに追加する場合は、以下のようにします。

非同期的に追記

```
fs.appendFile('output.txt', '¥n追加のデータです！', (err) => {
    if (err) {
        console.error('ファイルの追記中にエラーが発生しました:', err);
    } else {
```

Chapter-3 | データアクセスを考えよう

```
                console.log('ファイルにデータが正常に追記されました');
        }
});
```

同期的に追記

```
try {
        fs.appendFileSync('output.txt', '\n追加のデータです!');
        console.log('ファイルにデータが正常に追記されました');
} catch (err) {
        console.error('ファイルの追記中にエラーが発生しました:', err);
}
```

ファイルへの追記には、「appendFile」「appendFileSync」というメソッドが用意されています。これらは、writeFile/writeFileSyncと基本的に使い方は同じです。

●非同期で追記

```
appendFile( ファイル名, データ, (エラーハンドラ) => { …略… });
```

●同期で追記

```
appendFileSync( ファイル名, データ );
```

これで、指定したデータをファイルの末尾に追記するようになります。

繰り返し追記する

では、サンプルを作成しましょう。AIに以下のように頼んでみます。

リスト3-8 プロンプト

readline-syncで繰り返しテキストを入力し、appendFileでファイルに追記していくサンプルを作成して。各行には働きを説明するコメントを付けて。

リスト3-9 応答

`readline-sync`を使ってユーザーから繰り返しテキストを入力し、その入力を`fs.appendFile`でファイルに追記していくサンプルコードを作成します。このコードは、ユーザーがからのテキストを入力するまで、テキストの入力を続けます。

ファイルの書き出し | 3-1

サンプルコード

```javascript
// 必要なモジュールを読み込む
const fs = require('fs'); // ファイルシステムモジュール
const rl = require('readline-sync'); // 同期入力のモジュール

// 出力ファイルの指定
const outputFile = 'output.txt';

// ループを制御するフラグ
let keepWriting = true;

console.log('テキストを入力してください。');

// 入力とファイルへの追記を繰り返すループ
while (keepWriting) {
  // ユーザーからの入力を取得
  const userInput = rl.question('> ');

  // 入力が '' であればループを終了
  if (userInput === '') {
    keepWriting = false;
  } else {
    // 入力をファイルに追記する
    fs.appendFile(outputFile, userInput + '\n', (err) => {
      if (err) {
        console.error('ファイルへの追記中にエラーが発生しました:', err);
      }
    });
  }
}

console.log('入力を終了しました。');
```

```
問題   出力   デバッグ コンソール   ターミナル   ポート   AZURE        pwsh  + ∨  ⟦⟧  🗑  …  ∧ ×

● PS C:\Users\tuyan\Desktop\hello-app> node hello.js
  テキストを入力してください。
  > This is test message.
  > hoge hoge!
  > 1234567890
  >
  入力を終了しました。
○ PS C:\Users\tuyan\Desktop\hello-app> ▌

                      行 12, 列 1   スペース: 2   UTF-8   CRLF   {} JavaScript   ● Go Live  ↻  ⟳
```

図3-4 テキストを次々と入力していくと、それがファイルに追記される。

77

サンプルコードが作成されました。これをhello.jsにコピー&ペーストして動かしてみます。実行すると、テキストの入力待ち状態になるので、適当にテキストを書いてEnterします。すぐにまた入力待ちになるので、またなにか書いてEnterします。そうしていくつかの文を入力し、最後に何も書かずにEnterするとプログラムを終了します。

実行後、output.txtファイルを開いて中身を確認してみてください。入力したテキストがそれぞれ改行されて書かれているのがわかるでしょう。

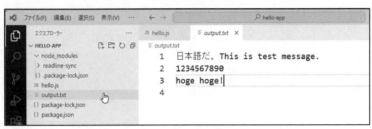

図3-5 output.txtには追記したテキストが保存されている。

処理のポイント

では、実行したコードのポイントを簡単に説明しましょう。このプログラムは、whileを使って繰り返しテキストを入力してはファイルに追記する、という操作を行っています。このポイントは、実はこの文です。

```
let keepWriting = true;
```

これは、ループを制御するためのフラグです。trueの間はループが続き、falseになるとループが終了するようにしておくのです。whileを見ると、こうなっていますね。

```
while (keepWriting)
```

フラグ変数keepWritingがtrueの間、ループを続けます。ループの中では、readline-syncを使ってユーザーから入力をしてもらっています。

```
const userInput = rl.question('> ');
```

この入力された文字列が空だった場合、フラグ変数keepWritingの値をfalseに変更します。

```
if (userInput === '') {
    keepWriting = false;
```

```
}
```

　これで、whileの次の繰り返しに進んだとき、条件がfalseとなって繰り返しを抜けるようになるのです。後は、appenFileでファイルを保存するだけです。

```
fs.appendFile(outputFile, userInput + '¥n', (err) => { ... });
```

　入力されたテキストを`output.txt`ファイルに追記します。`¥n`を追加して、次の入力が新しい行から始まるようにします。エラーが発生した場合、`err`にエラー情報が入り、コンソールにエラーメッセージを表示します。

　これで入力したデータを追記できました。後は、繰り返しを抜けて終了のメッセージを表示するだけです。

Chapter 3 データアクセスを考えよう

3-2 ファイルの読み込み
Section

テキストファイルを読み込む

続いて、ファイルからテキストを読み込む処理です。これもfsモジュールの機能を使っ
て行います。では、AIに聞いてみましょう。

リスト3-10 プロンプト

Node.jsで、ファイルからテキストを読み込む方法についてわかりやすく説明して。

リスト3-11 応答

Node.jsでファイルからテキストを読み込むには、`fs`（ファイルシステム）モジュールを使用します。このモ
ジュールを使うことで、ファイルの読み込みを簡単に行えます。ここでは、非同期的な読み込みと同期的な読み
込みの両方の方法を説明します。

基本的な手順

1. `fs`モジュールの読み込み：Node.jsの標準モジュールである`fs`を読み込みます。
2. ファイルの内容を読み込む：`fs.readFile`または`fs.readFileSync`メソッドを使用し
   て、ファイルの内容を読み込みます。

なるほど、保存と同じように非同期と同期のメソッドが用意されているのですね。では、
それぞれの使い方を見ていきましょう。

readFileで非同期に読み込む

まずは、基本となる非同期の読み込みメソッドからです。「readFile」というメソッドが
用意されていることはわかりました。これの使い方をAIの応答から見てみましょう。

80

リスト3-12 応答

非同期的にファイルを読み込む（推奨）

非同期処理は、Node.jsの主な特徴であり、ファイル操作中に他の処理を並行して行うことができます。

```javascript
const fs = require('fs');

// 読み込むファイルのパス
const filePath = 'output.txt';

// 非同期的にファイルを読み込む
fs.readFile(filePath, 'utf8', (err, data) => {
  if (err) {
    console.error('ファイルの読み込み中にエラーが発生しました:', err);
  } else {
    console.log('ファイルの内容:', data);
  }
});
```

いきなりサンプルが表示されてしまいました。内容は後回しにして、AIが作成してくれたコードをhello.jsに記述して動かしてみましょう。

まず、読み込むファイルの内容を確認しておきます。ここでは、先に作成されたoutput.txtをそのまま使うようになっています。プロジェクト内に作成されたoutput.txtを開き、適当に内容を記述しておきましょう。複数行のテキストを記述しておくとよいでしょう。

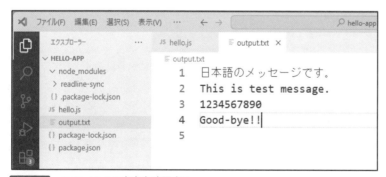

図3-6 output.txtの内容を確認する。

コードを実行すると、output.txtを読み込み、その内容を出力します。output.txtの中身と比較して、正しく読み込めているか確認しましょう。

図3-7 output.txtの内容が出力される。

コードの流れを確認する

では、作成されたサンプルコードの流れを整理していきましょう。これもAIが用意してくれていました。

リスト3-13 応答

各行の説明

1. `const fs = require('fs');`:

- Node.jsのファイルシステムモジュール`fs`を読み込みます。これにより、ファイル操作が可能になります。

2. `const filePath = output.txt';`:

- 読み込むファイルのパスを指定します。ファイルが存在しない場合、エラーが発生します。

3. `fs.readFile(filePath, 'utf8', (err, data) => { ... });`:

- `fs.readFile`メソッドを使って、指定したファイルを非同期的に読み込みます。
- 第一引数: ファイルのパス。
- 第二引数: エンコーディング(`'utf8'`を指定することで、テキストとして読み込みます)。
- 第三引数: コールバック関数。ファイルの読み込みが完了した後に呼び出されます。
- `err`: 読み込み中にエラーが発生した場合、この引数にエラー情報が入ります。
- `data`: ファイルの内容がテキストとしてこの引数に渡されます。

4. `console.log('ファイルの内容:', data);`:

- ファイルの内容をコンソールに表示します。

3の「readFile」メソッドの部分でテキストファイルを読み込んでいるのですね。このメソッドは、以下のような形になっています。

ファイルの読み込み | 3-2

```
fs.readFile( ファイル名 , エンコーディング , コールバック関数 );
```

　ファイル名だけでなく、エンコーディングも指定しますね。ファイルの内容をテキストとして読み込む場合、エンコーディングを指定するのが一般的です。ここでは "utf8" を使用していますが、他のエンコーディングも指定可能です。
　その後にある関数が、読み込み完了後に呼び出されるコールバック関数です。この関数には2つの引数が用意されています。

```
(err, data) => { ... }
```

　errには、問題が発生した際に例外のオブジェクトが保管されます。エラーがなければ、nullになります。従って、errがnullかどうかをチェックすれば、読み込みが正しく行えたかどうかわかるわけです。
　その後のdataに、読み込んだテキストが代入されます。ここでは、このdataをconsole.logで表示していたのです。

　非同期によるテキストファイルの読み込みは、このように「readFileを実行する」「コールバック関数でエラーをチェックする」「コールバック関数で、読み込んだテキストを受け取り処理する」というような形で行います。

readFileSync で同期処理する

　続いて、同期処理です。同期処理は、処理が完了するまで待つため、時間がかかる場合に使うのは推奨されません。ごく小さなファイルを読み込むような場合に限定して使うようにすべきでしょう。
　同期処理による読み込みは、「readFileSync」というメソッドとして用意されていました。これの説明もAIの応答から見てみましょう。

リスト3-14 応答

同期的にファイルを読み込む

同期的な読み込みは、処理が完了するまで他の処理をブロックします。小さなスクリプトや初期設定では便利ですが、大規模なアプリケーションでは非推奨です。

```
const fs = require('fs');

// 読み込むファイルのパス
const filePath = 'output.txt';
```

83

Chapter-3 | データアクセスを考えよう

```
try {
  // 同期的にファイルを読み込む
  const data = fs.readFileSync(filePath, 'utf8');
  console.log('ファイルの内容:', data);
} catch (err) {
  console.error('ファイルの読み込み中にエラーが発生しました:', err);
}
```

こちらも、いきなりコードが表示されました。これも、まずは動かしてみましょう。生成されたコードをhello.jsに記述し、実行してください。output.txtの内容が出力されるのがわかるでしょう。

readFileSync について

ここでは、readFileSyncを使ってテキストファイルからテキストを読み込んでいます。これは以下のように呼び出します。

```
変数 = fs.readFileSync( ファイル名, エンコーディング );
```

同期処理ですので、コールバック関数が不要となり、ファイル名とエンコーディングだけ指定すればいいようになりました。読み込んだテキストはそのまま戻り値として返されるので、それを利用するだけです。

読み込み時に問題が発生した場合、例外が送られるので、try内で実行するなどして例外をキャッチし処理するようにします。

コードの流れを説明

では、作成されたコードの流れを確認していきましょう。これもAIが出力してくれました。

リスト3-15 応答

各行の説明
1. `const fs = require('fs');`
上記と同様に、`fs`モジュールを読み込みます。

2. `const filePath = output.txt';`
￥読み込むファイルのパスを指定します。

3. `const data = fs.readFileSync(filePath, 'utf8');`

`fs.readFileSync`メソッドを使って、指定したファイルを同期的に読み込みます。

- 第一引数：ファイルのパス。
- 第二引数：エンコーディング（`"utf8"`）。

4. `console.log('ファイルの内容:', data);`
ファイルの内容をコンソールに表示します。

5. `catch (err)`
`try`ブロック内でエラーが発生した場合、この`catch`ブロックが実行されます。
エラーメッセージをコンソールに表示します。

readFileSyncさえわかれば、後は特に説明しなくともだいたいわかることでしょう。非同期処理と比べるとコードはぐっとシンプルでわかりやすくなりますね！

1行ずつ処理をする

readFile/readFileSyncは、指定したファイルの内容をすべて読み込み、一括して渡します。これはこれで便利ですが、場合によっては少しずつ読み込んで処理したいこともあるでしょう。では、例えばテキストファイルを1行ずつ読み込んで処理するようなことはできないのでしょうか。

fsには、1行だけ読み込むメソッドはありません。では、できないのか？ AIになにか方法がないか聞いてみました。

リスト3-16 プロンプト

テキストファイルを1行ずつ読み込み処理するには？

リスト3-17 応答

テキストファイルを1行ずつ読み込み処理するには、Node.jsでは`fs`モジュールと`readline`モジュールを組み合わせて使用するのが一般的です。`readline`モジュールは、ストリーム（`stream`）を使ってファイルの内容を一行ずつ読み込むことができます。

なんだか、難しそうな回答が返ってきましたね。1行だけ読み込む関数などが用意されているわけではなくて、readlineを利用することで、1行ずつ処理することができる、ということのようです。

readlineというのは、入出力のインターフェースを作って利用するようになっていましたね。ユーザーから入力してもらうのに、processのstdin/stdoutを指定してインターフェースを作りました。

Chapter-3 | データアクセスを考えよう

この入力の指定にファイルから読み込む「ストリーム」というものを使うと、そのファイルから入力をさせることができるようになるのです。

ファイルから読み込むreadline

では、どのようにしてファイルから読み込むreadlineを作るのか、もう少しわかりやすく整理しましょう。

●1. ReadStreamの作成

```
変数 = fs.createReadStream( ファイル名 );
```

最初に、ストリームを作成します。ストリーム(Stream)というのは、小川とか水の流れなどを表す単語です。小川を水が流れていくように、データが少しずつその中を通って流れていくような仕組みがストリームです。

ストリームにはさまざまな種類がありますが、ファイルとのやり取りをするストリームは「ファイルストリーム」と呼ばれます。createReadStreamは、ファイルストリームの1つである「ReadStream」というオブジェクトを作成するメソッドです。

ReadStreamは、名前の通り、データを読み込むストリームです。引数にファイル名やファイルのパスを指定することで、そのファイルからデータを読み込むReadStreamが作成されます。

●2. readlineのインターフェース作成

```
変数 = readline.createInterface({
  input: ストリーム ,
  output: process.stdout,
  terminal: false
});
```

readlineのインターフェースを作ります。inputには、作成したReadStreamを指定し、outputには通常と同じprocess.stdoutを指定しておきます。

この他に、terminal: falseという値も用意してありますね。これは、ターミナルへの出力をOFFにするものです。readlineは、inputから値が入力されると、それをそのままターミナル(標準出力)に出力するようになっています。これは「エコーバック」と呼ばれるもので、「こういう値が入力されましたよ」ということをその場で表示してわかるようにしているのですね。terminal: falseにすることで、inputから値が入力されてもそれを出力しないようになります。

86

ファイルの読み込み | 3-2

こうしてインターフェースを作成すると、すぐにそれが機能するようになります。ReadStreamをinputに指定してあるなら、ファイルからの読み込みが即時開始されます。

readlineのイベント処理

では、ファイルから1行ずつ読み込んで処理するにはどうするのがよいのでしょうか。これは、readlineのイベントを利用するのです。

readlineには、inputからデータが入力された際に発生するイベントがあります。このイベントが発生したときに何らかの処理を実行するように設定することができるのです。これには「on」というメソッドを使います。

```
インターフェース.on( イベント , 関数 );
```

第1引数には、処理を割り当てるイベントの名前を文字列で指定します。そして第2引数に、そのイベントが発生したら実行する処理を関数として用意します。

ファイルから1行ずつ読み込む場合、以下の2つのイベントに処理を割り当てることになります。

●ファイルから1行データを読み込んだ

```
rl.on('line', (line) => { 略 });
```

●ファイルの読み込みが完了した

```
rl.on('close', () => { 略 });
```

lineイベントは、1行データを読み込むごとに発生するイベントです。このイベントで呼び出される関数では、読み込んだ1行分のテキストが引数として渡されます。これを利用して必要な処理を行います。

もう1つ、closeというイベントも必要です。これはすべての読み込みが完了したときのイベントです。読み込み後に何らかの処理を行う場合は、このイベントで呼び出される関数内で処理を用意します。この関数では、引数などは不要です。

この2つのイベントに割り当てた関数を使って、1行ずつテキストを読み込む処理を作成することができます。

87

Chapter-3 | データアクセスを考えよう

行ごとにナンバーリングする

では、実際に1行ごとに読み込む処理を行ってみましょう。例として、各行の冒頭に通し番号を割り振って表示するコードを作成してみます。

リスト3-18

```javascript
const fs = require('fs');
const readline = require('readline');

// 読み込むファイルのパス
const filePath = 'output.txt';
// ファイルストリームを作成
const fileStream = fs.createReadStream(filePath);
// カウンタ変数
let count = 0;

// readlineインターフェースを作成
const rl = readline.createInterface({
  input: fileStream,
  output: process.stdout,
  terminal: false // 通常のターミナル出力を抑制
});

// 一行ずつ読み込まれるたびに呼び出されるイベント
rl.on('line', (line) => {
  console.log(++count,': ', line);
});

// ファイルの読み込みが完了したときのイベント
rl.on('close', () => {
  console.log('ファイルの読み込みが完了しました。');
});
```

```
問題   出力   デバッグコンソール   ターミナル   ポート   AZURE        pwsh + ∨ □ 📕 … ∧ ×

PS C:\Users\tuyan\Desktop\hello-app> node hello.js
1 :   日本語のメッセージです。
2 :   This is test message.
3 :   1234567890
4 :   Good-bye!!
ファイルの読み込みが完了しました。
● PS C:\Users\tuyan\Desktop\hello-app> █
                              行 26、列 4   スペース: 2   UTF-8   CRLF   {} JavaScript   ⊘ Go Live   ↻ ⏮
```

図3-8　1行ずつテキストを読み込み番号をつけて出力する。

ファイルの読み込み | 3-2

実行すると、output.txtを読み込んで1行ずつ番号をつけて出力します。確かに、1行ごとに処理を実行できているのがわかりますね。

処理の流れを理解する

では、作成したコードの内容を見ていきましょう。AIにコードをペーストし、「このコードを説明して」と送ると、コードの説明を出力してくれます。ここでは、以下のように説明が返ってきました。

リスト3-19 応答

1. `const fs = require('fs');`:

- Node.jsのファイルシステムモジュール`fs`を読み込みます。ファイルのストリームを作成するために使用します。

2. `const readline = require('readline');`:

- `readline`モジュールを読み込みます。このモジュールを使うことで、ストリームから1行ずつデータを読み取ることができます。

3. `const filePath = 'output.txt';`:

- 読み込むファイルのパスを指定します。この例では、`example.txt`を読み込みます。

4. `const fileStream = fs.createReadStream(filePath);`:

- `fs.createReadStream`メソッドを使用して、指定したファイルのストリームを作成します。このストリームは、ファイルの内容を逐次読み取ります。

5. `const rl = readline.createInterface({ ... });`:

- `readline.createInterface`メソッドを使って、`readline`インターフェースを作成します。
- `input`: ファイルストリームを指定します。これにより、`readline`インターフェースはファイルからの入力を1行ずつ読み取るようになります。
- `output`: オプションで、標準出力(`process.stdout`)を指定します。
- `terminal`: `false`に設定することで、通常のターミナルのエコーバック(ユーザーが入力した内容を表示する機能)を抑制します。

6. `rl.on('line', (line) => { ... });`:

- `line`イベントは、ファイルの内容が1行ずつ読み込まれるたびに発生します。
- `line`には、現在読み込まれた行の内容が渡されます。

- ここで、各行に対して処理を行うコードを記述します。この例では、読み込んだ行の冒頭に通し番号を付けてコンソールに表示しています。

7. `rl.on('close', () => { ... });`:

- `close`イベントは、ファイルのすべての行が読み込まれた後に発生します。
- このイベントハンドラーでは、ファイルの読み込みが完了したことを通知しています。

一通りの流れがこれでつかめました。このコードのポイントは、整理するなら以下の3つの部分に集約されるでしょう。

```
const rl = readline.createInterface({ ... });
rl.on('line', (line) => { ... });
rl.on('close', () => { ... });
```

これで「ファイルストリームを使ったインターフェースの作成」「lineイベントの処理」「closeイベントの処理」といったもっとも重要な処理部分がわかってきます。

「1行ずつ処理」というのは、readFileなどに比べるとちょっと難しいですが、こういう「イベントを使った処理」というのは、Node.jsではよく使われるものなのです。これから先も、このようなイベントを利用した処理はいろいろと出てきますから、今のうちに書き方に慣れておくようにしましょう。

Chapter 3　データアクセスを考えよう

3-3
Section
ネットワークアクセス

ネットワークアクセスとfetch関数

　データの取得は、ファイル以外のところから取り出すこともあります。それは「ネットワーク」です。インターネット上のWebサイトなどにアクセスしてデータを取得する、ということは日常的に行われています。Node.jsでも、こうしたネットワークアクセスでデータを取得できれば、作るプログラムの幅もぐっと広がります。

　「JavaScriptでネットワークアクセス」といえば、普通ならば「fetch」関数が思い浮かぶことでしょう。fetchは、JavaScriptに用意されている関数で、Webページからホストのファイルなどを読み込んだりするのに使われています。このfetch関数は、Node.jsでも使えるのでしょうか。聞いてみましょう。

リスト3-20 プロンプト

Node.jsで、fetch関数は使えますか。

リスト3-21 応答

`fetch`はNode.jsの標準モジュールではないため、以前は`node-fetch`などの外部ライブラリを利用する必要がありました。しかし、Node.jsのバージョン18以降では、`fetch`が標準でサポートされるようになりました。これにより、ブラウザと同じ感覚でHTTPリクエストを扱うことができます。

　なるほど、fetchは元々Node.jsには用意されていなかったのですね。それが、ver. 18以降では標準でサポートされるようになった、ということなんですね。

　では、Node.jsのfetchは、WebブラウザのJavaScriptにあるfetchと同じなんでしょうか。基本的な使い方を説明してもらいましょう。

リスト3-22 プロンプト

Node.jsのfetch関数の使い方をわかりやすく説明して。

リスト3-23 応答

Node.js 18以降では、ブラウザと同様に`fetch`関数を使ってHTTPリクエストを送信し、データを取得で

きます。`fetch`はシンプルで直感的なAPIを提供し、Promiseを返すため、非同期処理を簡単に扱うことができます。

`fetch`関数は、HTTPリクエストを送信してリソースを取得するためのAPIです。Node.js 18以降では標準でサポートされており、ブラウザでも同様に使用されます。以下に、`fetch`関数の基本的な呼び出し方、引数、戻り値について詳しく説明します。

`fetch`関数の呼び出し方
基本的な使い方

```
fetch(url)
```

- `url`: 取得するリソースのURL（文字列）。
- この基本的な使い方では、デフォルトでGETリクエストが送信されます。

オプションを指定する使い方

```
fetch(url, options)
```

- `url`: 取得するリソースのURL（文字列）。
- `options`: リクエストの詳細を指定するオプション（オブジェクト）。

`options`の詳細
`options`オブジェクトには、リクエストのメソッド、ヘッダー、ボディなどを指定できます。主なプロパティは以下の通りです。

- `method`: HTTPメソッド（GET, POST, PUT, DELETE, etc.）。デフォルトは 'GET' です。
- `headers`: リクエストヘッダー（オブジェクト）。`Content-Type`や`Authorization`などのヘッダーを指定できます。
- `body`: リクエストボディ。POSTやPUTリクエストに使用されます。文字列、FormData、Blob、BufferSource、またはURLSearchParamsを指定できます。
- `mode`: リクエストモード（'cors', 'no-cors', 'same-origin'）。デフォルトは 'cors' です。
- `credentials`: 認証情報の扱い（'omit', 'same-origin', 'include'）。デフォルトは 'omit' です。
- `cache`: キャッシュモード（'default', 'no-store', 'reload', 'no-cache', 'force-cache', 'only-if-cached'）。デフォルトは 'default' です。
- `redirect`: リダイレクトの扱い（'follow', 'manual', 'error'）。デフォルトは 'follow' です。

なんだかオプションの説明までズラっと出てきたので、ちょっと整理しましょう。fetchの基本は、URLを指定して呼び出すだけです。

```
fetch( アクセス先 )
```

ネットワークアクセス | 3-3

　他にもいろいろとオプションがありますが、まずはこの基本の書き方を覚えておきましょう。これで指定のアドレスにアクセスすることができます。

Promiseの処理

　では、アクセスして取得したコンテンツは？ 戻り値として得ることはできません。なぜなら、fetchは非同期関数だからです。

　fetchは、Promiseというオブジェクトを返すようになっています。Promiseは、JavaScriptで非同期の処理を実行する際に利用されるもっとも一般的なオブジェクトです。このPromiseには「then」というメソッドがあり、これで完了後に実行する処理を設定できます。

```
《Promise》.then( 関数 );
```

　整理すると、fetch関数は以下のような形で記述し、利用することになります。

```
fetch( アクセス先 ).then( 関数 );
```

　thenの引数に用意されるコールバック関数では、Responseというオブジェクトが渡されます。これは応答の情報や処理をまとめて扱うオブジェクトで、この中にある「text」や「json」といったメソッドを呼び出して得られたコンテンツを取り出します。

●コンテンツを文字列で取り出す

```
《Response》.text()
```

●コンテンツをJSONオブジェクトとして取り出す

```
《Response》.json()
```

　textは、文字列としてコンテンツを取り出します。jsonは、JSONフォーマットでコンテンツが得られた場合に使うもので、データをオブジェクトに変換して返します。ただし、JSONとして正しく値が得られないと例外が発生します。

　これらのメソッドは、いずれも非同期処理であるため、これらもthenで値が得られたときの処理を用意する必要があります。従って、fetchで値を得るための処理は、整理すると以下のようになるわけです。

Chapter-3 データアクセスを考えよう

●コンテンツを文字列で取り出す

```
fetch( アクセス先 )
  .then( response =>response.text() )
  .then(data => { ... });
```

●コンテンツをJSONオブジェクトとして取り出す

```
fetch( アクセス先 )
  .then( response =>response.json() )
  .then(data => { ... });
```

非同期関数fetchからさらに非同期のtextやjsonを呼び出すため、非常に複雑になってしまいます。ただし、一度書き方を覚えてしまえば、常にこの通りに処理を書けばいいのですから実はそう困ることはありません。実際に何度かfetchの処理を書いてみて、基本の書き方を覚えてしまいましょう。

fetchでネットワークからデータを得る

では、実際にネットワーク経由でデータを取得してみましょう。今回は、「JSON Placeholder」というWebサイトにアクセスしてみます。これは、JSONフォーマットのコンテンツを返すダミーサイトです。以下にアクセスすると、さまざまなフォーマットのデータが用意されているのが確認できます。

https://jsonplaceholder.typicode.com

図3-9 JSON PlaceholderのWebサイト。

では、fetchを使ってJSON Placeholderにアクセスするサンプルを見てみましょう。AIの応答で生成されたコードを一部修正して掲載します。

ネットワークアクセス | 3-3

リスト3-24 応答

`fetch`関数の基本的な使い方

以下に、`fetch`関数を使ってデータを取得し、コンソールに表示する基本的なサンプルコードを示します。

```javascript
const url = 'https://jsonplaceholder.typicode.com/posts/1'; // 取得するURL

// fetchを使ってURLにGETリクエストを送る
fetch(url)
  .then(response => {
    if (!response.ok) { // レスポンスが成功しているか確認
      throw new Error('ネットワークの応答が正常ではありません');
    }
    return response.json(); // レスポンスをJSON形式で返す
  })
  .then(data => {
    // 取得したデータをコンソールに表示
    console.log('取得したデータ:', data);
  })
  .catch(error => {
    // エラーが発生した場合の処理
    console.error('データ取得に失敗しました:', error);
  });
```

```
問題   出力   デバッグ コンソール   ターミナル   ポート   AZURE              pwsh + ∨ □ 🗑 … ∧ ×

● PS C:\Users\tuyan\Desktop\hello-app> node hello.js
取得したデータ: {
  userId: 1,
  id: 1,
  title: 'sunt aut facere repellat provident occaecati excepturi optio reprehend
erit',
  body: 'quia et suscipit\n' +
    'suscipit recusandae consequuntur expedita et cum\n' +
    'reprehenderit molestiae ut ut quas totam\n' +
    'nostrum rerum est autem sunt rem eveniet architecto'
}
○ PS C:\Users\tuyan\Desktop\hello-app> █

                          行 5, 列 11   スペース: 2   UTF-8   CRLF   {} JavaScript   ⦿ Go Live   ⟲ ⟲
```

図3-10 アクセスするとPostデータを取得し表示する。

作成されたコードをhello.jsに記述して実行してみましょう。ここではPostというデータを取得しています。これは以下のような形のJSONデータです。

```
{
  userId: 番号,
  id: 番号,
  title: タイトル,
```

95

Chapter-3 データアクセスを考えよう

```
  body: コンテンツ
}
```

　出力されたコンテンツが、このような値になっていることを確認しましょう。JSONの
コンテンツが正常に取得できたことがわかるでしょう。

処理の流れを整理する

　では、作成されたコードがどのようになっているのか見てみましょう。AIからの応答では、
引き続き以下のように説明されました。

リスト3-25 応答（続き）

各行の説明

1. `const url = 'https://jsonplaceholder.typicode.com/posts/1';`:

- データを取得する URL を指定します。この例では、`jsonplaceholder.typicode.com` という
  サンプルAPI から特定の投稿データを取得します。

2. `fetch(url)`:

- 指定した URL に対して GET リクエストを送信します。`fetch` は Promise を返すので、リク
  エストが完了した後に次の処理を `then` でつなげて書くことができます。

3. `.then(response => { ... })`:

- リクエストが成功すると、この `then` ブロックが実行されます。
- `response` オブジェクトには、サーバーからのレスポンスデータが含まれています。
- `response.ok` を使って、レスポンスが成功（ステータスコードが200台）であるかどうかを
  確認します。
- `response.json()` を呼び出すと、レスポンスの本文を JSON 形式にパースして返します。

4. `.then(data => { ... })`:

- JSON形式にパースされたデータを受け取る `then` ブロックです。
- `data` には、パースされたデータが格納されており、それをコンソールに表示します。

5. `.catch(error => { ... })`:

- リクエスト中にエラーが発生した場合、この `catch` ブロックが実行されます。
- `error` オブジェクトには、エラーの詳細が含まれており、それをコンソールに表示します。

ネットワークアクセス | 3-3

いかがですか、だいたいの流れが整理され、やっていることがわかってきましたね。2つのthenのそれぞれの役割をしっかり理解することが何より重要です。また、ネットワークアクセスは例外が発生する可能性がありますから、catchで例外処理を用意しておくことも忘れないようにしましょう。

async/awaitを使った同期処理

ただし、この二重のthenを使った処理は、ちょっと複雑なことをやろうとすると、「あれ？この処理ってどっちのthenに書けばいいんだ？」というように混乱してくるかも知れません。「コンテンツが得られた後の処理は2つ目のthenのコールバック関数に書く」ということをきちんと理解していれば大丈夫でしょうが、それでもわかりにくいのは確かです。

Promiseを返す非同期処理は、awaitを使って処理が完了するまで待ってから戻り値を得るようにすることもできます。fetchならば、こうですね。

```
変数 = await fetch( アクセス先 );
```

これで、変数にResponseを受け取ることができます。さらには、Responseのtextやjsonメソッドも、同様にしてコンテンツが取得できるまで待って、それを戻り値として返すことができます。

```
変数 = await 《Response》.text();
変数 = await 《Response》.json();
```

ただし、awaitは、async関数の中でしか使うことができません。従って、まずasyncの関数を定義し、その中でawaitを使ってfetchを実行する、といったやり方をする必要があります。

fetchをawaitする形に書き直す

AIに頼んで、先ほどのコードをawaitする形に書き直してみました。すると以下のようになりました。

リスト3-26 応答

async-awaiを使ってfetch関数を実行する

```
const url = 'https://jsonplaceholder.typicode.com/posts/1';

async function fetchData() {
```

Chapter-3 | データアクセスを考えよう

```
  try {
    const response = await fetch(url); // fetchをawaitで待つ
    if (!response.ok) {
      throw new Error('ネットワークの応答が正常ではありません');
    }
    const data = await response.json(); // レスポンスをJSON形式でパース
    console.log('取得したデータ:', data); // 取得したデータを表示
  } catch (error) {
    console.error('データ取得に失敗しました:', error); // エラーを処理
  }
}

fetchData(); // 非同期関数を呼び出す
```

　ここでは、fetchDataというasync関数を作成し、その中でawait fetchを実行していま
す。では、それぞれの処理の流れをAIに説明してもらいましょう。

リスト3-27 応答

各行の説明

1. `async function fetchData() { ... }`:

- 非同期関数 `fetchData` を定義します。この関数内で `await` を使って非同期処理をシンプル
  に書けます。

2. `const response = await fetch(url);`:

- `fetch` 関数を呼び出し、その Promise を待ちます。`await` を使うと、非同期処理が完了す
  るまで次の行に進みません。

3. `const data = await response.json();`:

- レスポンスを JSON 形式にパースし、その結果を待ちます。

4. `console.log('取得したデータ:', data);`:

- パースされたデータをコンソールに表示します。

5. `catch (error) { ... }`:

- `try` ブロック内で発生したエラーをキャッチして処理します。

98

ネットワークアクセス | 3-3

fetchData関数にasyncをつけ、その中のfetchとjsonにそれぞれawaitを付けることで、処理が完了するまで待ち、得られた値を戻り値として返すようになりました。このやり方だと、await fetchでResponseを変数に代入し、await response.jsonでJSONオブジェクトを変数に代入しています。このようにawaitを使うことで、「実行する→結果を変数に代入」というように処理を実行していけるようになります。

http/httpsを利用する

fetch関数は、使い方さえわかればどこにでも簡単にアクセスしてコンテンツを取り出すことができます。ただし、これはNode.jsのver. 18以降でないと使えません。サーバーの環境によっては、それ以前のバージョンのものがインストールされている、ということもあるでしょう。こうしたことを考えて、fetchを使わないネットワークアクセスも知っておきたいですね。

fetchを使わず、標準モジュールだけでNode.jsからネットワーク上のデータを取得するには、`http`や`https`モジュールを使います。これらを使って、シンプルなGETリクエストを送信し、データを受信することができます。

では、どのように利用すればいいのか、簡単に説明しましょう。まず、http/httpsモジュールをロードします。

```
const http = require('http');
const https = require('https');
```

HTTPとHTTPSは、それぞれモジュールが分かれています。アクセス先がどちらに対応しているかを確認し、どっちをrequireするかを決めればいいでしょう。ここではhttpsをベースで説明します。

http/httpsのgetを使う

httpsモジュールで指定のURLにGETアクセスするには、「get」メソッドを使います。

```
https.get(アクセス先, (res) => {
    アクセスの処理
})
```

このgetも、非同期になっています。引数には、アクセスするURLの文字列と、アクセス開始後に実行されるコールバック関数を指定します。この関数にはResponseオブジェクトが引数として渡されます。

99

Chapter-3 | データアクセスを考えよう

この関数内で、コンテンツを受け取った際の処理を実装するのですが、これにはイベントを利用します。

●データを受信した際の処理

```
《Response》.on('data', (chunk) => { /* 受信時の処理 */});
```

●受信を完了したときの処理

```
《Response》.on('end', () => { /* 完了時の処理 */ });
```

Responseのonメソッドを使って、イベントに処理を割り当てます。'data'は、データを受け取った際のイベントで、'end'が完了時のイベントになります。ネットワークアクセスなので、データはすべてを一度にまとめて取り出せるわけではありません。大きなデータになると、少しずつ小分けして送られてきます。そのたびにdataイベントが発生するので、その度に受け取ったデータを変数などに保管していき、すべてを受け取ってから処理を行えばいい、というわけです。

イベントを利用した処理は、先にファイルアクセスでも行いましたね。やり方はほとんど同じですから、慣れればすぐに使えるようになるでしょう。

データ取得を行ってみる

では、httpsを使ったサンプルを作成してもらいましょう。AIに「httpsの利用例を作成して」と頼むと、以下のようなコードを作ってくれました。

リスト3-28 応答

```
const https = require('https'); // httpsモジュールを読み込む

// 取得するURL
const url = 'https://jsonplaceholder.typicode.com/users/1';

// https.getを使ってURLにGETリクエストを送る
https.get(url, (res) => {
  let data = ''; // 受信データを格納する変数

  // データの一部を受信するたびに呼び出される
  res.on('data', (chunk) => {
    data += chunk; // 受信データを追加
```

ネットワークアクセス | 3-3

```
  });

  // データの受信が完了したときに呼び出される
  res.on('end', () => {
    console.log('取得したデータ:', data); // すべてのデータを表示
  });

}).on('error', (e) => {
  console.error(`エラーが発生しました: ${e.message}`); // エラーを処理
});
```

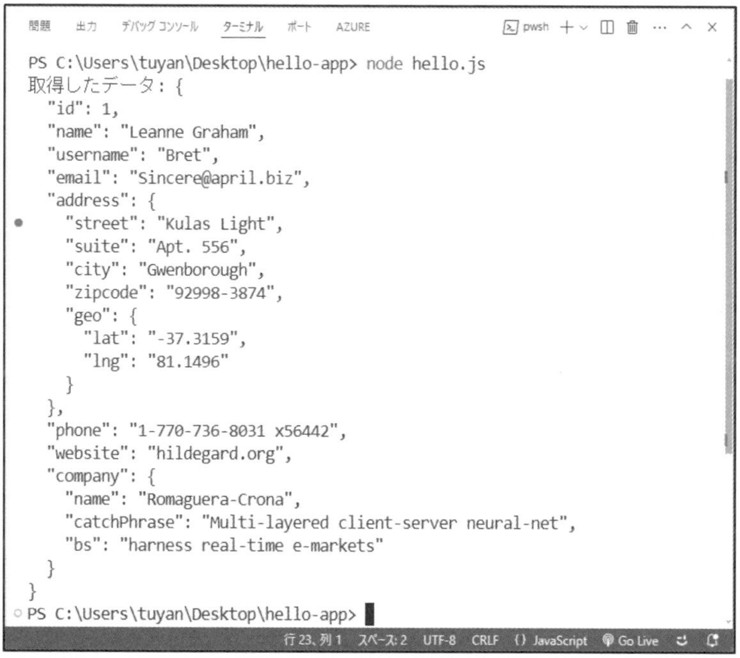

```
問題    出力    デバッグコンソール    ターミナル    ポート    AZURE                    pwsh  + ∨  ⫿  🗑  …  ∧  ✕

PS C:\Users\tuyan\Desktop\hello-app> node hello.js
取得したデータ: {
  "id": 1,
  "name": "Leanne Graham",
  "username": "Bret",
  "email": "Sincere@april.biz",
  "address": {
    "street": "Kulas Light",
    "suite": "Apt. 556",
    "city": "Gwenborough",
    "zipcode": "92998-3874",
    "geo": {
      "lat": "-37.3159",
      "lng": "81.1496"
    }
  },
  "phone": "1-770-736-8031 x56442",
  "website": "hildegard.org",
  "company": {
    "name": "Romaguera-Crona",
    "catchPhrase": "Multi-layered client-server neural-net",
    "bs": "harness real-time e-markets"
  }
}
PS C:\Users\tuyan\Desktop\hello-app>

                          行23、列1    スペース:2    UTF-8    CRLF    {} JavaScript    Go Live    ⟳  ⟲
```

図3-11 ユーザー情報のデータを受け取って表示する。

　今回は、JSON Placeholderの/users/1というアドレスにアクセスしています。これは、id＝1のUser情報を取得するものです。実行すると、かなり複雑なユーザー情報が表示されるでしょう。JSONを利用すると、こうした複雑な構造のデータもやり取りできます。

　では、ここで実行していることを整理しましょう。これもAIが以下のように説明してくれました。

リスト3-29 応答（続き）

各行の説明
1. `const https = require('https');`:

101

- `https`モジュールを読み込みます。このモジュールを使って、HTTPSプロトコルでWebからデータを取得します。

2. `const url = 'https://jsonplaceholder.typicode.com/posts/1';`:

- データを取得するURLを指定します。この例では、`jsonplaceholder.typicode.com`というサンプルAPIから特定の投稿データを取得します。

3. `https.get(url, (res) => { ... });`:

- 指定したURLに対してGETリクエストを送信します。リクエストが成功すると、コールバック関数が呼ばれ、`res`オブジェクト（レスポンス）にアクセスできます。

4. `let data = '';`:

- 受信したデータを格納するための変数を用意します。この変数に受信したデータの一部を追加していきます。

5. `res.on('data', (chunk) => { ... });`:

- `data`イベントは、レスポンスデータの一部が受信されるたびに発生します。
- `chunk`には、受信したデータの部分が渡されます。
- ここで、`chunk`を`data`変数に追加して、全体のデータを構築します。

6. `res.on('end', () => { ... });`:

- `end`イベントは、すべてのレスポンスデータが受信された後に発生します。
- ここで、すべてのデータをコンソールに表示します。

7. `.on('error', (e) => { ... });`:

- `error`イベントは、リクエスト中にエラーが発生した場合に発生します。
- ここで、エラーメッセージをコンソールに表示します。

　https.getの関数内で、res.onを使ってdataとendのイベント処理を実装しています。dataは、細切れでデータを送ってくるので、受け取った値を変数dataに付け足しています。endイベントが発生したときは、もうすべてのデータを受け取った後ですから、変数dataの内容をconsole.logで表示しています。

　https.getでは、データの取得だけでなく、例外が発生した場合も'error'というイベントとして処理を行います。ここでは、単純にconsole.errorメソッド（infoと違い、エラーとして出力する）でエラーメッセージを表示しています。

ネットワークアクセス | 3-3

http/httpsの注意点

以上、fetchを使わず、http/httpsによるネットワークアクセスの基本を説明しました。最後に、ポイントを簡単にまとめておきましょう。

●HTTPとHTTPSは別のもの！

HTTPでは、httpとhttpsの両方のプロトコルがあります。URLがhttp://で始まる場合はhttpモジュールを使い、https://で始まる場合はhttpsモジュールを使います。正しく指定しないと、うまくアクセスできないので注意してください。

●非同期処理である

アクセスは非同期に行われるため、完了を待ってからデータを処理する必要があります。そのため、実際の処理はgetのコールバック関数(`res`オブジェクトを受け取る部分)で処理を行っています。

●エラー処理も必要

リクエスト中にエラーが発生する可能性があるので、errorイベントを使用してエラーハンドリングを行います。

基本はfetch！

fetchとはだいぶやり方が違いますが、見比べるとhttp/httpsのほうがやり方として古臭い感じがするかも知れません。現在の最新版では、fetch関数が使えるので、このhttp/httpsを使ったやり方を利用することはほとんどないでしょう。

まずはfetchの基本をしっかりと覚える。そして、非同期の処理の仕方、async/awaitを利用する書き方の両方ができるようになってください。この両方の書き方ができるようになれば、fetchはほぼマスターできたといっていいでしょう。

fetchは、JavaScriptでも用意されています。どちらも基本的な使い方は同じですから、ここでfetchを覚えたなら、Webページでも同じようにしてネットワークアクセスできるようになるはずです(ただし、Webページでは同じオリジンのコンテンツにしかアクセスできないという制約があります)。

fetchを制するものはネットワークを制す。確実にfetchの使い方をマスターしてください。その他のもの(http/https利用など)は、「fetchがマスターできたら、おまけで覚えておく」ぐらいに考えておきましょう。

Chapter-3 | データアクセスを考えよう

Node.jsのfetchは、Webブラウザのfetchとは違う！ Column

　ここでは、Node.jsのfetch関数を使ってネットワークアクセスを行いました。
fetch関数は、WebブラウザのJavaScriptにもあります。「これって同じものなのか？」と思った人もいたかも知れませんね。実は、両者は違うものです。

　Node.jsのfetchは、Node.jsの開発元が作成したものであり、Webブラウザのfetchとは違います。使い方は基本的に同じですが、機能は微妙に違います。中でも重要なのが「Webブラウザのfetchでは、アクセスできないサイトが多数ある」という点です。

　WebブラウザのJavaScriptには、外部リソースへのアクセスに関する厳しい制限があります。例えばローカル環境（ハードディスクのファイルやシステムの情報など）へのアクセスは制限されていますし、ネットワークアクセスも基本的には同一オリジンのリソースにしかアクセスできません。

　「同一オリジン」というのは、http/httpsなどのスキーム、ドメイン、ポート番号が同じURIのことで、これらが異なるホストへのアクセスは制限されているのです。

　オリジンが異なるリソースへのアクセスは「クロスオリジンリクエスト（Cross-Origin Request Sharing、略称CORS）」と呼ばれ、サーバー側にこちらからのアクセスを許可する設定がされていない限り、アクセスできません。

　しかし、Node.jsのfetchは、こうしたWebブラウザのJavaScriptにある制約を受けません。どのサイトにも自由にアクセスすることができます。外部リソースへのアクセスということで考えるなら、Node.jsのfetchはWebブラウザのそれとは比べものにならないくらいに役立つのです。

Chapter 4

Webサーバーの
基本を覚える

いよいよサーバープログラムを作成していきましょう。まず
は、Node.jsの機能を使って簡単なサーバープログラムを作
成します。そして基本がわかったところで、「Express」とい
うフレームワークを利用したサーバー開発の基本について説
明していきましょう。

Chapter 4　Webサーバーの基本を覚える

4-1
Section
Node.jsの
サーバープログラム

サーバープログラムを作るには？

ここまでコマンドプログラムを使ってNode.jsの主な機能の使い方を説明してきました。そろそろ、サーバープログラムの作成へと進むことにしましょう。

そもそも、サーバープログラムというのはどういうものなのか。それは「Webサーバーとして機能するプログラム」のことです。Webサーバーとは、Webとしてコンテンツを公開するプログラムです。すなわち、不特定多数の人がサーバーの設置されているコンピュータにアクセスすると、用意されたコンテンツを送り返して受け取れるようにするプログラムですね。

ということは、だいたいこういう動きをするプログラムであることが想像できます。

1. **プログラムは常時起動していて、誰か（クライアントといいます）がサーバーにアクセスして来ないかを常にチェックしている。**
2. **クライアントがアクセスしてきたら、そのアドレス（パス）に応じて即座にコンテンツを用意し、クライアントに送り返す。**
3. **送り返したら1に戻り、次のクライアントがアクセスしてくるのをひたすら待つ。**

こんな具合に、クライアントがアクセスしてくるのを待ち受け、アクセスがあればそれに応じてすぐさまコンテンツを返送する、そういうプログラムなのですね。

こんなことを説明すると、「そんなもの、どうやって作るんだ？」と絶望してしまうかも知れません。これを一から作れといわれたら、確かに無理でしょう。けれど、心配はいりません。

Node.jsには、サーバープログラムを作るために必要な機能が最初から用意されているのです。それを使えば、意外なほど簡単にサーバープログラムを作成できるのです。

サーバープログラムを作ろう

では、実際にサーバープログラムを作ってみましょう。まずはAIに、作り方を尋ねてみます。

106

リスト4-1 プロンプト
Node.jsによるもっともシンプルなサーバープログラムの作り方をわかりやすく説明して。

リスト4-2 応答
Node.jsでもっともシンプルなサーバープログラムを作成する手順を、以下のステップで説明します。

1. Node.jsのインストール
まず、Node.jsがインストールされていることを確認します。インストールされていない場合は、[Node.jsの公式サイト](https://nodejs.org/)からダウンロードしてインストールしてください。

2. プロジェクトディレクトリの作成
新しいプロジェクト用のディレクトリを作成し、そのディレクトリに移動します。

```
mkdir my-simple-server
cd my-simple-server
```

3. プロジェクトの初期化
Node.jsプロジェクトを初期化します。`package.json`ファイルが作成されます。

```
npm init -y
```

Node.jsのインストールから説明されました。このあたりはもうわかっていますね。では、手順に従ってサーバープログラムを作ってみましょう。

ターミナルなどを起動し、サーバープログラム用のプロジェクトを作成しましょう。まず、プロジェクト用のフォルダーを作成します。

```
cd Desktop
mkdir my-simple-server
```

図4-1 「my-simple-server」フォルダーをデスクトップに作る。

続いて、この中にカレントディレクトリを移動し、プロジェクトを初期化します。そのままターミナルから以下を実行してください。

Chapter-4 | Webサーバーの基本を覚える

```
cd my-simple-server
npm init -y
```

```
PS C:\Users\tuyan\Desktop> cd my-simple-server
PS C:\Users\tuyan\Desktop\my-simple-server> npm init -y
Wrote to C:\Users\tuyan\Desktop\my-simple-server\package.json:

{
  "name": "my-simple-server",
  "version": "1.0.0",
  "description": "",
  "main": "index.js",
  "scripts": {
    "test": "echo \"Error: no test specified\" && exit 1"
  },
  "keywords": [],
  "author": "",
  "license": "ISC"
}

PS C:\Users\tuyan\Desktop\my-simple-server> |
```

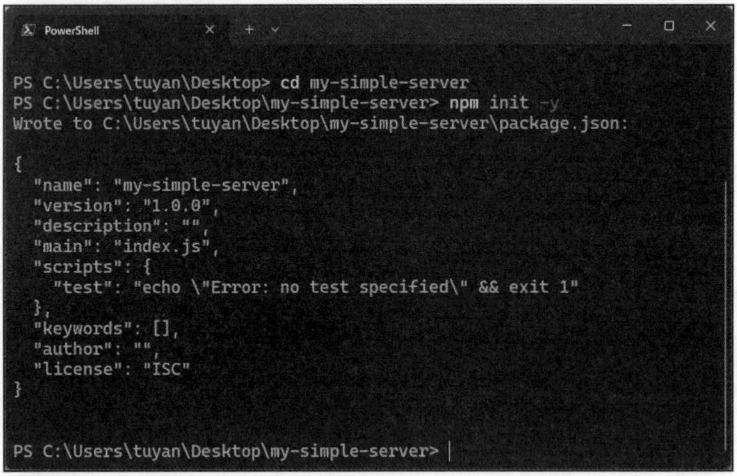

図4-2 フォルダーをnpm initで初期化する。

　これで、プロジェクト内にpackage.jsonファイルが作成され、Node.jsのプロジェクトとして扱えるようになりました。

　では、VSCodeの「ファイル」メニューから「フォルダーを閉じる」で現在開いているフォルダーを閉じ、今回作成した「my-simple-server」フォルダーをドラッグ＆ドロップして開いてください。

　そして「ターミナル」メニューから「新しいターミナル」を選び、ターミナルを画面に呼び出します。以後は、VSCodeのターミナルからコマンドを実行していきます。

Serverオブジェクト利用の基本

　では、Node.jsのサーバープログラムの基本について簡単に説明しましょう。サーバープログラムは、http/httpsモジュールを使います。そう、前回、ネットワークアクセスで使った、あのhttp/httpsです。

　ここにある「createServer」というメソッドで、Serverオブジェクトを作成します。

●Serverの作成

```
const server = http.createServer((req, res) => {
    サーバーの設定
});
```

108

これは非同期になっていて、引数に関数を用意します。これが、サーバーとしてプログラムが起動した際に実行されます。

この関数には、2つの引数が用意されています。それぞれRequestListenerとServerResponseというオブジェクトが渡されます。

RequestListener	クライアントから送られてきた情報などを管理するオブジェクトを受け取ります。
ServerResponse	クライアントへ返送するコンテンツの管理などを行います。

つまり、「クライアントから受け取るもの」「クライアントへ返すもの」のそれぞれを扱うためのオブジェクトが渡されるわけですね。

アロー関数の処理

では、引数に用意されるアロー関数では、どのような処理を行うのでしょうか。これは、主にクライアントから受け取った情報の処理と、返送するコンテンツの準備です。今回は、ただアクセスするだけでクライアントからは何も必要な情報などは渡されないので、返送するコンテンツの準備を行います。

●ステータスコードを設定

```
《ServerResponse》.statusCode = 番号;
```

まず、ステータスコードを設定します。これは、「クライアントからのリクエストの処理結果」を示すコード番号です。「正常に受付できた」「要求されたコンテンツが見つからない」「内部でエラーが発生した」など、リクエストを処理結果はどうだったかを番号で示します。

何も問題なく処理できた場合は、ステータスコードは「200」になります。

●レスポンスのヘッダー情報を設定

```
《ServerResponse》.writeHead(200, ヘッダー情報 );
```

ヘッダーに追加して送る情報を設定します。これは、例えば前章でネットワークアクセスしたときに、Content-Typeなどのヘッダー情報を設定しましたね。あれと同じようなものと考えてください。

Chapter-4 | Webサーバーの基本を覚える

●コンテンツの追加

```
《ServerResponse》.write( コンテンツ );
```

●コンテンツの完了

```
《ServerResponse》.end( コンテンツ );
```

　クライアントに返送するコンテンツを送ります。writeは、次々とコンテンツを追加していくのに使います。「追加して、これで完成！」というときは、endを使います。それほど複雑でないコンテンツならば、writeは使わず、endでコンテンツを送るだけでいいでしょう。

待ち受けを開始する

　createServerのアロー関数でクライアントとの送受の処理がすべて完了したら、作成されたServerオブジェクトの「listen」で待ち受けを開始します。

```
// サーバーを指定したポートでリッスン開始
server.listen(ポート番号, () => { ... });
```

　第1引数には、待ち受けるポート番号を指定します。第2引数には、待ち受けを開始したら実行される処理をアロー関数で用意しておきます。これは、必要なければ省略しても構いません。

サーバープログラムを動かそう

　では、実際にサーバープログラムを作成し、動かしてみましょう。AIから返ってきた応答の続きを見てみましょう。

リスト4-3 応答（続き）

4. サーバーコードの作成
テキストエディタで新しいファイルを作成し、名前を `server.js` とします。このファイルに以下のコードを追加します。

```
// 'http'モジュールをインポート
const http = require('http');

// サーバーのポート番号を設定
```

```
const port = 3000;

// サーバーを作成
const server = http.createServer((req, res) => {
  // ステータスコードを設定
  res.statusCode = 200;

  // レスポンスのヘッダーを設定
  res.writeHead(200, { 'Content-Type': 'text/plain' });

  // クライアントに返すメッセージ
  res.end('Hello, World!¥n');
});

// サーバーを指定したポートでリッスン開始
server.listen(port, () => {
  console.log(`Server running at http://localhost:${port}/`);
});
```

　サンプルコードが生成されました。既にサーバープログラムの流れはだいたい頭に入っていますから、そう難しくはないでしょう。それぞれの説明も出力されたので見ておきましょう。

リスト4-4 応答（続き）

コードの説明

- `http`モジュール：Node.jsには、HTTPサーバーを作成するためのビルトインモジュール`http`があります。`require('http')`でこれをインポートします。
- サーバーの作成：`http.createServer`メソッドを使ってサーバーを作成します。このメソッドは、リクエストを受け取ったときに実行されるコールバック関数を引数に取ります。
- リクエストとレスポンス：コールバック関数は2つの引数、`req`（リクエスト）と`res`（レスポンス）を受け取ります。`res.statusCode`でステータスコードを設定し、`res.writeHead`でレスポンスヘッダーを設定し、`res.end`でレスポンスのボディを送信します。
- サーバーのリッスン：`server.listen`メソッドでサーバーが指定されたポートでリクエストをリッスンするようにします。

　httpモジュールを用意し、createServerでServerオブジェクトを作り、そのコールバック関数でステータスコードの設定、ヘッダー情報の設定、ボディコンテンツの設定をそれぞれ行い、server.listenで待ち受けします。やるべきことがわかっていれば、難しくはありませんね。

では、実際にプログラムを作りましょう。VSCodeのエクスプローラーの上部にある「新しいファイル」アイコンをクリックし、「server.js」という名前でファイルを作りましょう。そして、AIが生成したサーバープログラムのコードを記述しましょう。

図4-3　server.jsファイルを作成する。

サーバーを実行する

コードが完成したら、実際にサーバーを動かし、動作を確認しましょう。起動と動作確認については、AIは以下のように答えていました。

リスト4-5 応答（続き）

5. サーバーの起動
`server.js` を実行して、サーバーを起動します。

```
node server.js
```

6. 動作確認
ブラウザを開き、`http://localhost:3000` にアクセスします。「Hello, World!」というメッセージが表示されれば、サーバーは正常に動作しています。

このシンプルなサーバーは、`http://localhost:3000` へのリクエストに対して「Hello, World!」というテキストを返すだけの基本的なものです。この基礎をもとに、さらに機能を追加していくことで、より複雑なサーバーを構築することができます。

サーバーの起動は、これまでと同じくnodeコマンドで行います。VSCodeのターミナルから「node server.js」を実行するとサーバーが起動します。これまでのコマンドプログラムのように、実行したら終了するわけではありません。実行すると、ずっと実行しっぱなしになります。ずっと待ち受け状態でプログラムは実行し続けるようになっているのです。

図4-4 nodeコマンドでserver.jsを実行する。

　では、サーバーが実行したら、Webブラウザからアクセスをしてみましょう。「http://localhost:3000/」にアクセスしてみてください。すると、「Hello World!」とテキストが表示されます。これが、サーバーにアクセスした際のコンテンツになります。

　とりあえず、「サーバーにアクセスしたらコンテンツが表示される」というもっとも基本的な部分は動きました！

図4-5 localhost:3000にアクセスすると「Hello World!」と表示される。

HTMLファイルを表示する

　しかし、単にテキストを表示するだけでは、ちょっと面白くありません。やはりWebサーバーなのですから、Webページを表示するサーバーを作りたいものです。普通のWebでは、HTMLファイルをアップロードすると、そのページにアクセスしたらHTMLのWebページが表示されるようになっていますね。同じようなことをやってみましょう。

リスト4-6 プロンプト
```
http.createServerで作成したサーバーでHTMLファイルを表示するにはどうすればいいですか。
```

リスト4-7 応答
```
Node.jsの `http` モジュールを使用して、HTMLページを表示するシンプルなサーバーを作成する方法を
説明します。

1. HTMLファイルの作成

まず、表示したいHTMLページを準備します。プロジェクトディレクトリに `index.html` という名前のファ
イルを作成し、以下のようなシンプルなHTMLを記述します。
```

```html
<!-- index.html -->
<!DOCTYPE html>
<html lang="ja">
<head>
  <meta charset="UTF-8">
  <meta name="viewport" content="width=device-width, initial-scale=1.0">
  <title>Simple Node.js Server</title>
</head>
<body>
  <h1>Welcome to My Simple Node.js Server!</h1>
  <p>This is a simple HTML page served by Node.js.</p>
</body>
</html>
```

まず、表示するHTMLファイルを用意するのですね。では、VSCodeのエクスプローラー上部にある「新しいファイル」アイコンをクリックして、「index.html」という名前でファイルを作成しましょう。そして、AIが生成したコードを記述します。

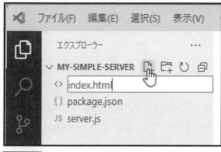

図4-6　「index.html」という名前でファイルを作成する。

server.jsを作成する

続いて、サーバープログラムのserver.jsを作成します。AIの応答では新しくファイルを作るようになっていましたが、既にserver.jsはありますから、これを書き換える形に応答を修正して掲載します。

リスト4-8 応答（続き）

2. サーバーコードの作成

次に、HTMLファイルを読み込み、クライアントに返すサーバーコードを作成します。`server.js` という名前のファイルに以下のコードを記述します。

Node.js のサーバープログラム | 4-1

```javascript
const http = require('http');
const fs = require('fs');
const path = require('path');

// サーバーのポート番号を設定
const port = 3000;

// サーバーを作成
const server = http.createServer((req, res) => {
  // リクエストされたURLがルートかどうかを確認
  if (req.url === '/') {
    // index.html ファイルのパスを解決
    const filePath = path.join(__dirname, 'index.html');

    // HTMLファイルを非同期で読み込む
    fs.readFile(filePath, (err, data) => {
      if (err) {
        // エラーが発生した場合は、500エラーを返す
        res.writeHead(500, { 'Content-Type': 'text/plain' });
        res.end('Internal Server Error');
        return;
      }

      // 成功した場合は、HTMLコンテンツを返す
      res.writeHead(200, { 'Content-Type': 'text/html' });
      res.end(data);
    });
  } else {
    // 他のURLの場合は404を返す
    res.writeHead(404, { 'Content-Type': 'text/plain' });
    res.end('404 Not Found');
  }
});

// サーバーを指定したポートでリッスン開始
server.listen(port, () => {
  console.log(`Server running at http://localhost:${port}/`);
});
```

では、記述したコードの内容を確認しましょう。コードの説明もAIがしてくれました。

115

Chapter-4 | Webサーバーの基本を覚える

リスト4-9 応答（続き）

コードの説明

- `fs` モジュール: ファイルシステム操作を扱うために `fs` モジュールをインポートしていま
  す。`fs.readFile` を使用して、指定されたファイルを読み込みます。
- `path` モジュール: ファイルパスの操作を行うために `path` モジュールをインポートしてい
  ます。`path.join` を使用して、プラットフォームに依存しない方法でファイルパスを結合し
  ます。
- `req.url`: クライアントからのリクエストされた URL を取得します。ここでは、リクエスト
  がルート (`'/'`) の場合に `index.html` を返すようにしています。
- エラーハンドリング: ファイルの読み込み中にエラーが発生した場合、`500 Internal Server
  Error` を返し、他のリクエストに対しては `404 Not Found` を返します。
- `res.writeHead`: レスポンスヘッダーを設定します。`Content-Type` を `text/html` に設定
  することで、ブラウザがHTMLとして解釈するようにします。

このサンプルでは、非常に基本的な方法でHTMLページを提供しています。実際のアプリケーションでは、エラー
ハンドリングの強化や、複数の静的ファイルをサーブするための拡張が必要になることがあります。

fs.readFileは、既に使いましたね。ファイルを読み込むものでした。この他にもいくつ
か初めてでてくるものがあります。それらも含め、http.createServerのコールバック関
数の処理をもう少し詳しく説明をしましょう。

●アクセスしたURLをチェック

```
if (req.url === '/') { ...
```

RequestListenerオブジェクトの「url」は、クライアントがアクセスしたURLパスを示
すプロパティです。例えば、http://localhost:3000/abc/xyzにアクセスしたとすると、
/abc/xyzがurlに入っています。ドメイン（localhost:3000）より後のパスの部分がurlに
あるのですね。

これが'/'かどうかをチェックします。つまり、http://localhost:3000/にアクセスした
かどうかをチェックし、このURLならばHTMLを表示する、というわけです。

●index.htmlファイルのパスを解決

```
const filePath = path.join(__dirname, 'index.html');
```

これは、index.htmlのパスを取り出しています。pathは、ファイルパスに関するモジュー
ルで、path.joinは引数に用意したフォルダーやファイルをつなげて正しいパスを作成しま
す。

ここでは、__dirnameという値が使われていますが、これはこのプログラムのディレクトリパスが保管されている特別な値です。これにindex.htmlをつなげて、index.htmlの正確なフルパスを得ていたのですね。

●HTMLファイルを非同期で読み込む

```
fs.readFile(filePath, (err, data) => { ...
```

fs.readFileでファイルのパスを開き、値を読み込みます。引数のコールバック関数で、ファイルを読み込んだ後の処理を行っています。

●エラーが発生した場合は、500エラーを返す

```
if (err) {
  res.writeHead(500, { 'Content-Type': 'text/plain' });
  res.end('Internal Server Error');
  return;
}
```

エラーが発生した場合、errはnullにはなりません。errがあるならば、エラーが発生したものとして処理をします。ここでは、writeHead(500, ...)とヘッダーを設定していますね。これで、ステータスコード500でテキストが設定されます。これは、res.statusCode = 500と同じ働きをするものと考えていいでしょう。

そして、res.endでエラーメッセージを出力し、returnでコールバック関数を抜けます。これでエラー時の処理ができました。

●成功した場合は、HTMLコンテンツを返す

```
res.writeHead(200, { 'Content-Type': 'text/html' });
res.end(data);
```

ファイルから正常にコンテンツが得られた場合は、writeHeadでContent-Typeを'text/html'に設定し、読み込んだindex.htmlのコンテンツ(data)をendで送ります。これでHTMLの内容がクライアントに表示されるようになります。

●他のURLの場合は404を返す

```
res.writeHead(404, { 'Content-Type': 'text/plain' });
res.end('404 Not Found');
```

Chapter-4 | Webサーバーの基本を覚える

readFileのコールバック関数を抜け、次に進むと、if (req.url === '/') のelse部分の処理が残っていました。これは、アクセスしたURLが'/'でない場合の処理です。これは「ファイルが存在しない」というエラーを返すことにします。

writeHeadでステータスコード404を指定します。そしてendで'404 Not Found'と出力します。これでファイルがないエラーが返送されます。

これらのcreateServerでの処理がすべて完了したら、最後にserver.listenでサーバーを待ち受けモードにして完了です。ちょっと複雑になりましたが、createServerもreadFileも説明済みのものですから、よく読めば何をしているかちゃんと理解できるでしょう。

Node.jsですべて作るのは大変！

それにしても、index.htmlを1つ表示するのに、けっこう面倒なことをしないといけないことがわかりました。これは、本格的にサーバープログラムを作ろうと思ったら、かなり大変そうです。

urlでアクセスしたURLをチェックし、それに応じて処理を実装するのですから、例えば「CSSファイルを用意したい」「JavaScriptファイルを使いたい」「イメージファイルを表示したい」となったら、それぞれのファイルを読み込んでコンテンツを出力するような処理を作らないといけません。また、ただHTMLを表示するだけでなく、必要に応じて表示する内容を変更したりしようと思ったら、そのためのコードも書かないといけません。

本格的なWebアプリには、数十ものファイルが使われるでしょう。その処理をすべて書かないといけないとしたら、考えただけで気が遠くなりそうです。すべてNode.jsだけでサーバーを実装するのは、ちょっと考えないといけません。

そこで登場するのが「フレームワーク」なのです。

Chapter 4 Webサーバーの基本を覚える

4-2
Section
Node.jsから
Expressへ！

Expressフレームワークについて

Node.jsでシンプルなサーバープログラムを作ってみました。が、HTMLファイルを使って表示させるとなると、けっこう面倒なこともわかりました。では、どうしたらいいのか。それは、「もっと簡単にサーバーの処理を実装できるフレームワークを利用する」のです。

Node.jsには、さまざまなフレームワークが用意されています。その中でも、もっとも広く利用されているのが「Express」というWebアプリケーションフレームワークです。これはNode.jsユーザーの間で圧倒的な人気があります。「Node.jsは、Expressとセットで使うのが当たり前」といってもいいくらいです。

では、このExpressというフレームワークはどのようなものなのでしょうか。AIに聞いてみましょう。

リスト4-10 プロンプト

Expressとはどういうものか、その利点と欠点をわかりやすく説明して。

リスト4-11 応答

Expressとは

Express は、Node.js 用のシンプルで柔軟な Web アプリケーションフレームワークです。高速で堅牢なウェブアプリケーションや API を構築するために設計されており、以下のような特徴を持っています。

- ミドルウェアの利用: リクエストとレスポンスの処理をカスタマイズするための「ミドルウェア」と呼ばれる機能を使用します。
- ルーティング: クライアントからのリクエストをどのように処理するかを定義するルーティングの仕組みが用意されています。
- 簡潔な API: シンプルで直感的な API により、開発者が素早くアプリケーションを構築できるようにします。

Express は、そのシンプルさと柔軟性により、初心者から経験豊富な開発者まで、幅広い層に支持されています。ただし、追加機能を必要とする場合や、ミドルウェアの管理が複雑になる場面では注意が必要です。

Chapter-4 | Webサーバーの基本を覚える

ちょっと難しそうな言葉が出てきましたね。ミドルウェア、ルーティング、API。これらは、いずれも「本格的なWebアプリを開発するのに便利な機能」と考えてください。今、これらがどういうものか正確にきっちり理解する必要はありません。

ただ、Expressが「シンプルで柔軟なもの」だ、ということは何となくわかるでしょう。Expressが広く利用されるのは、この「シンプルさ」にあります。

シンプルだから使える！

実際に使ってみるとわかりますが、Expressのコードは、Node.js単体でサーバー処理を書くときとそれほど大きな違いがありません。基本的な考え方などはほとんど変わらないのです。このため、Node.jsだけでサーバー処理を書いたことがあれば、すんなりと移行できます。

多くのフレームワークは、独自のシステムを構築しています。このため、まずはそのフレームワークがどういう構造になっているのかを理解し、独自の仕組みを把握していかなければいけません。これが、実はかなり大変だったりするのです。大きなフレームワークになると、一度に覚えることが多すぎて、どこから手を付けたらいいかわからない状態になります。

Expressは非常にコンパクトであり、Node.jsの基本的なコードに薄いレイヤーを乗せた程度の構造になっているので、最初に覚える必要があることはそれほど多くありません。「Node.jsの素のコードとほとんど変わらない」からこそ、Expressは使えるのです。

Expressの基本コード

では、Expressはどのように利用するのでしょうか。Expressを利用したサーバープログラムの基本を簡単に説明していきましょう。

●expressモジュールのロード

```
const express = require('express');
```

まず最初に、モジュールのロードを行います。'express'という名前のモジュールをrequireで読み込み定数に代入しておきます。これがExpressの本体になります。

●オブジェクトの生成

```
const app = express();
```

expressは関数になっており、呼び出すことでExpressのオブジェクトを生成します。

120

このオブジェクトを使って処理を行います。

●**ルートの設定**

```
app.get( パス, (req, res) => { ... });
```

　ルートの設定とは、パスと処理を関連付ける作業です。app.getは、指定したパスに
GETでアクセスした際に実行する処理を設定します。第1引数にパスの文字列を、第2引
数にアロー関数を用意します。これで、指定のパスにアクセスがあると用意した関数が実行
されるようになります。

　コールバック関数では、RequestとResponseというオブジェクトが引数として渡され
ます。これらはExpressに用意されているものですが、基本的にはNode.jsの
createServerのコールバック関数で渡されるオブジェクト(RequestListenerと
ServerResponse)とほぼ同じものと考えていいでしょう。

●**サーバーを待ち受け状態にする**

```
app.listen(ポート番号, () => { ... });
```

　ルートの設定ができたら、サーバーの待受を開始します。これは、Expressの「listen」
を使います。Node.jsのServerにあるlistenと使い方は同じですからすぐにわかりますね。

　このように、Expressは、本当にNode.jsの素のコードに近いのです。Node.jsでサーバー
を書いたとき「これって面倒だな」と思う部分(特定のパスにアクセスがあったら表示を用意
して返す、など)がサクッと書けるようになっているだけで、基本的な仕組みや考え方など
はほとんど同じなのです。

Expressを使ってみる

　では、実際にExpressを使ってみましょう。まず、プロジェクトにExpressをインストー
ルします。VSCodeのターミナルから以下のコマンドを実行してください。

```
npm install express
```

　これでExpressがインストールされます。本書では、ver. 4.19というものを利用します。
現在、Expressはver. 5という次期メジャーバージョンが開発中ですが、こちらはまだα
版の状態で、正式リリースは2025年以降になりそうです。当面は現行のver. 4を利用す
ることになりますので、このバージョンで使い方をしっかり覚えていきましょう。

図4-7　npm installでExpressをインストールする。

server.jsを編集する

では、コードを作成しましょう。server.jsを開き、コードを以下のように書き換えてください。

リスト4-12
```js
const express = require('express');
const app = express();
const port = 3000;

// ルートの設定
app.get('/', (req, res) => {
  res.send('Hello, Express!');
});

// サーバーを起動
app.listen(port, () => {
  console.log(`Server running at http://localhost:${port}/`);
});
```

修正したら、ターミナルから「node server.js」を実行してWebブラウザからhttp://localhost:3000/にアクセスしてみてください。「Hello, Express!」とテキストが表示されます。ごく単純なものですが、Expressを利用したサーバーが動いていることが確認できます。

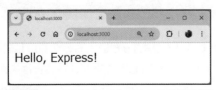

図4-8　アクセスするとテキストが表示される。

Node.jsからExpressへ！ | 4-2

ルートの設定について

コードの中で説明が必要なのは、ルートの設定処理でしょう。ここでは以下のようなものが用意されていました。

```
app.get('/', (req, res) => {
  res.send('Hello, Express!');
});
```

パスには'/'と指定されており、これでhttp://localhost:3000/にアクセスしたときの処理が設定されます。コールバック関数では、Responseの「send」というメソッドが使われています。

```
《Response》.send( 文字列 );
```

これは、クライアントに返送するコンテンツを設定するものです。引数に文字列の値を用意すると、それがクライアントに返送されます。たったこれだけで、指定したパスにアクセスした際の表示が完成してしまいました！

値をパラメータで渡す

単純なテキストの表示の仕方はわかりました。次は、アクセス時に値を渡して利用する方法を考えてみましょう。Webでは、必要な情報をサーバーに送るのに「クエリパラメータ」というものをよく利用します。Webサイトによっては、アクセスするとURLの終わりに「～?abc=xxx&xyz=yyy&…」といった記号のようなものがズラッとつけられていることがありますね。あれがクエリパラメータです。クエリパラメータを利用することで、URLに必要な値を付け加えて送ることができるようになります。

では、クエリパラメータの使い方をAIに聞いてみましょう。

リスト4-13 プロンプト

Expressで、アクセス時にクエリパラメータを使って値を受け渡す方法を教えてください。

リスト4-14 応答

Expressを使用して、アクセス時にクエリパラメータを受け取り、その値をテキストで表示する方法を説明します。

クエリパラメータの受け取り方

123

Chapter-4 | Webサーバーの基本を覚える

> クエリパラメータは、URLの末尾に `?key=value` の形式で追加されます。例えば、`http://localhos t:3000/?name=John&age=30` のように使います。このURLの場合、`name` パラメータには `John` が、 `age` パラメータには `30` が渡されます。
>
> Expressでは、クエリパラメータを `req.query` オブジェクトを通じてアクセスできます。

　クエリパラメータは、「キー＝値」という形の値を＆でつなげて記述していることがわかります。「キー 1＝値1＆キー 2＝値2＆キー 3＝値3…」というような形ですね。
　Expressでは、クエリパラメータは、Requestのqueryというものを使って利用できるようです。

queryの値について

　では、このqueryのオブジェクトについてもう少し詳しく説明してもらいましょう。AIの応答は以下のように続きます。

リスト4-15 応答（続き）

> `req.query` は、Express で HTTP リクエストからクエリパラメータを取得するためのオブジェクトです。クエリパラメータとは、URLの "?" 以降に続く "key=value" の形式で渡されるデータです。クエリパラメータは "&" で区切られ、複数のパラメータを一度に渡すことができます。
>
> 例えば、以下のURLがあるとします：
>
> http://localhost:3000/?name=John&age=30&city=NewYork
>
> この場合、`req.query` は以下のようなオブジェクトになります：
>
> ```
> {
>     name: 'John',
>     age: '30',
>     city: 'NewYork'
> }
> ```
>
> **`req.query` の詳細**
>
> - オブジェクト型：`req.query` はオブジェクト型で、クエリパラメータのキーと値のペアを保持します。キーはクエリパラメータ名、値は対応する値です。
> - すべてのクエリパラメータを取得：URL に含まれるすべてのクエリパラメータが `req.query` に含まれます。
> - デフォルトでは文字列：クエリパラメータの値は、デフォルトですべて文字列型として扱われます。必要に応じて、数値やブール値などに変換する必要があります。
> - パラメータがない場合は `undefined`：指定されたキーに対応するクエリパラメータが存在

> しない場合、そのキーは `undefined` となります。

　だいぶクエリパラメータの使い方がわかってきました。Requestのqueryは、クエリパラメータをオブジェクトにまとめたものが保管されているのですね。値は、デフォルトで文字列になっているので、数値などを渡す場合は受け取った値をキャストする必要があるようです。また指定したキーが存在しない場合、undefinedになるのですね。

クエリパラメータを処理するプログラム

　では、クエリパラメータを利用して値を受け渡すプログラムを作ってみましょう。これも、サンプルプログラムをAIが生成してくれています。

リスト4-16 応答（続き）

実装例
1. サーバーの作成
`server.js` ファイルを作成し、以下のコードを記述します。

```javascript
const express = require('express');
const app = express();
const port = 3000;

// ルート（'/'）にアクセスされた場合の処理
app.get('/', (req, res) => {
  // クエリパラメータを取得
  const name = req.query.name;
  const age = req.query.age;

  // レスポンスとしてテキストを送信
  res.send(`Hello, ${name}! Your age is ${age}.`);
});

// サーバーを指定したポートでリッスン開始
app.listen(port, () => {
  console.log(`Server running at http://localhost:${port}/`);
});
```

　app.getのコールバック関数で、クエリパラメータの処理を行っています。この部分ですね。

```
const name = req.query.name;
const age = req.query.age;
```

「req.query.キー」というようにキーを指定すると、その値が取り出されます。ここでは、ただ値を取り出して表示しているだけですが、値を何らかの形で利用するときは、取り出した値（文字列）を必要に応じてキャストして使います。

動作を確認しよう

コードの働きがわかったら、実際に動かして動作を確認しましょう。node server.jsを実行し、Webブラウザから以下のようにアクセスしてみてください。

```
http://localhost:3000/?name=hanako&age=34
```

こうすると、「Hello, hanako! Your age is 34.」というようにテキストが表示されます。クエリパラメータで渡したnameとageの値が取り出されているのがわかりますね。

図4-9　クエリパラメータでnameとageの値を渡す。

パラメータがない場合の処理

これで、クエリパラメータを渡す処理の仕方がわかりました。では、クエリパラメータを利用するとき、パラメータを付けずにアクセスしたらどうなるでしょうか。

実際に、http://localhost:3000/というようにパラメータを付けずにアクセスしてみましょう。すると、以下のようにメッセージが表示されます。

```
Hello, undefined! Your age is undefined.
```

req.queryから指定したキーが存在しないため、値はundefinedになります。まぁ、今回はただ表示するだけなのでこのように表示できましたが、取得した値を使っていろいろと

処理を行う場合、「値がなくてundefinedになった」というのは致命的なエラーの原因となることもあります。これは何とかしないといけません。

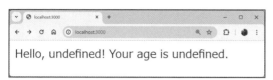

図4-10 パラメータがないとundefinedになる。

パラメータにデフォルト値を設定する

では、パラメータの値がなかった場合、どうすればいいでしょうか。これは、実際にコードを見てもらったほうが早いでしょう。app.get('/', (req, res) => {...})の部分を、以下のように修正します。

リスト4-17
```
app.get('/', (req, res) => {
  // クエリパラメータを取得
  const name = req.query.name || 'Guest';   // 'Guest' をデフォルト値に
  const age = req.query.age || 'unknown'; // 'unknown' をデフォルト値に

  // レスポンスとしてテキストを送信
  res.send(`Hello, ${name}! Your age is ${age}.`);
});
```

これで、パラメータがない場合にも対応できます。ここでは、値がなかった場合、デフォルトの値を取り出すようにしています。

```
const name = req.query.name || 'Guest';
const age = req.query.age || 'unknown';
```

req.queyr.キー || 値 というように記述することで、キーが存在しない(undefined)場合は、||の後の値が取り出されるようにしているのですね。

||は、前(左)の値と後(右)の値の論理和(OR)を得るものです。まず前の値をチェックし、これがfalseなら後の値をチェックします。値が存在しないundefinedはbool値にキャストするとfalseになりますから、req.query.name || 'Guest' というのは「req.query.nameがundefinedならその後の値を取り出す」というように機能するのです。

このテクニックは、「値が存在しない場合があるときのデフォルト値を用意する」方法としていろいろ応用できます。

動作を確認しよう

コードの働きがわかったら、実際に動かして動作を確認しましょう。http://localhost:3000/にアクセスをしてみてください。すると、「Hello, Guest! Your age is unknown.」と表示されます。

デフォルトの値を使ってメッセージが表示されることがわかるでしょう。クエリパラメータがあってもなくても問題なくアクセスできるようになっていることがわかりますね。

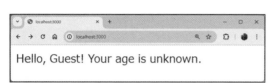

図4-11　パラメータがないと、Guestとして表示される。

HTMLファイルを表示する

値の渡し方はこれでわかりました。次は、やっぱり「HTMLファイルを表示する」ということもできるようになっておきたいですね。では、AIに聞いてみましょう。

リスト4-18 プロンプト
Expressで、HTMLファイルを直接表示する方法を教えてください。

リスト4-19 応答
Expressを使って、HTMLファイルを直接表示する方法を説明します。テンプレートエンジンなしでHTMLファイルを表示するには、`res.sendFile` メソッドを利用します。

`res.sendFile` は、Express で HTTP レスポンスとしてファイルを送信するために使用されるメソッドです。特に、HTML ファイルや他の静的ファイルをクライアントに返す際に便利です。このメソッドを使用することで、サーバーからクライアントにファイルをそのまま送ることができます。

Responseにある「sendFile」というメソッドを使えばいい、ということがわかりました。これは、以下のように利用します。

《Response》.sendFile(ファイルパス);

引数に、読み込むファイルのパスを文字列で指定します。これで、そのファイルを読み込んで内容をコンテンツとしてクライアントに出力します。非常に単純ですね。

Node.jsからExpressへ！ | 4-2

HTMLファイルを用意する

では、実際にHTMLファイルを作成して表示するプログラムのサンプルを作りましょう。
サンプルの作成手順もAIの応答で説明されていました。

> **リスト4-20 応答**
>
> ### HTMLファイルの作成
>
> 表示したいHTMLファイルをプロジェクトのディレクトリに作成します。通常、静的ファイルを配置する
> `public` フォルダーを作成しますが、ここでは `views` フォルダーを使用します。
>
> ```
> mkdir views
> ```
>
> 次に、`index.html` という名前のHTMLファイルを `views` フォルダーに作成し、以下の内容を記述します。
>
> ```html
> <!-- views/index.html -->
> <!DOCTYPE html>
> <html lang="ja">
> <head>
>   <meta charset="UTF-8">
>   <meta name="viewport" content="width=device-width, initial-scale=1.0">
>   <title>My Express App</title>
> </head>
> <body>
>   <h1>Welcome to My Express App!</h1>
>   <p>This is an HTML file served without a template engine.</p>
> </body>
> </html>
> ```

では、出力された内容の通りにやってみましょう。まず、プロジェクトのフォルダー内に
「views」というフォルダーを新たに作成します。

AIが答えている「mkdir views」というコマンドはターミナルなどでフォルダーを作るや
り方です。VSCodeの場合、エクスプローラーの「新しいフォルダー」というアイコンをク
リックして作れます。

フォルダーを作ったら、「views」フォルダーを選択して「新しいファイル」アイコンをク
リックし、この中に「index.html」というファイルを作成します。ファイルができたら、AI
が生成したコードを記述します。

129

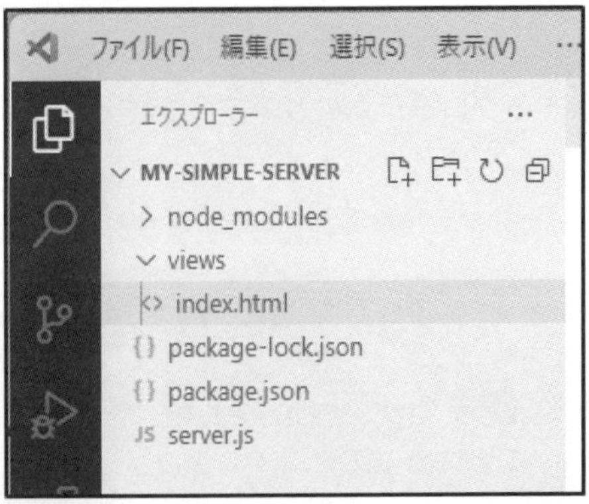

Chapter-4 | Web サーバーの基本を覚える

図4-12　「views」フォルダーに「index.html」ファイルを作成する。

HTMLファイル利用のコードを書く

では、作成したHTMLファイルを表示するサーバープログラムを作成しましょう。これもAIが生成しています。

リスト4-21 応答（続き）

Expressサーバーの作成

次に、`server.js`という名前のファイルをプロジェクトのルートディレクトリに作成し、以下のコードを記述します。

```javascript
const express = require('express');
const path = require('path'); // パスを扱うためのNode.jsの標準モジュール
const app = express();
const port = 3000;

// ルート（'/'）にアクセスされた場合、index.html を返す
app.get('/', (req, res) => {
  // __dirnameは、現在のディレクトリの絶対パスを指します
  // path.joinで、viewsディレクトリのindex.htmlへのパスを作成
  res.sendFile(path.join(__dirname, 'views', 'index.html'));
});

// サーバーを指定したポートでリッスン開始
app.listen(port, () => {
  console.log(`Server running at http://localhost:${port}/`);
});
```

130

server.jsの内容をAIが生成したコードに書き換えてください。今回のコードのポイントを説明してもらいます。

リスト4-22 応答（続き）

コードの説明

- `express`のインポートとアプリケーションの作成：`express`モジュールをインポートし、Expressアプリケーションを作成します。
- `path`モジュールのインポート：`path`モジュールは、ファイルパスを操作するためのNode.jsの標準モジュールです。`path.join`を使用して、プラットフォームに依存しない方法でファイルパスを結合します。
- `res.sendFile`メソッド：クライアントにファイルを送信するために使用します。ファイルパスを指定する際に、`path.join(__dirname, 'views', 'index.html')`で`index.html`の絶対パスを作成します。
- サーバーの起動：`app.listen`メソッドでサーバーが指定されたポートでリクエストをリッスンするようにします。

ポイントは、app.getのコールバック関数で行っている、ファイルを読み込み返送する処理です。これは、以下のようになっていました。

```
res.sendFile(path.join(__dirname, 'views', 'index.html'));
```

path.joinは、既に使いましたね。引数に指定したフォルダーやファイルのパスを1つにつなげるものでした。ここでは、__dirname, 'views', 'index.html'と引数を用意しています。これで、プログラムのパス＋「views」フォルダー＋index.htmlのパスが作成されます。

これを引数に指定してsendFileを呼び出せば、読み込んだファイルの内容がそのままクライアントに返送されるというわけです。

表示を確認する

では、プログラムを実行してWebブラウザからアクセスし、表示を確認しましょう。http://localhost:3000/にアクセスすると、index.htmlの内容が表示されます。ちゃんとHTMLファイルが使えるようになりました！

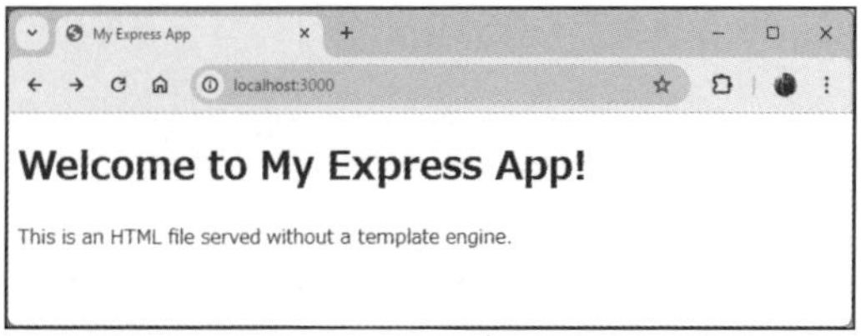

Chapter-4 | Webサーバーの基本を覚える

図4-13 index.htmlの内容が表示される。

静的ファイルを利用する

　　HTMLファイルが使えたら、そのほかのファイルも使いたいですね。例えば、CSSファイルやJavaScriptファイルも使えるようになればいろいろなことができそうです。

　　こうしたファイルは、一般に「静的ファイル」と呼ばれます。内容を動的に変更したりせず、ただ読み込んだコンテンツをそのまま使うファイルのことです。こうした静的ファイルの使い方についてAIに聞いてみましょう。

リスト4-23 プロンプト

HTML以外の静的ファイルを使うにはどうすればいいですか。

リスト4-24 応答

静的ファイルの提供 (オプション)

HTMLファイルだけでなく、CSSやJavaScriptなどの静的ファイルを提供する場合は、`public` フォルダーを作成し、そこにファイルを配置します。次に、Expressにこのフォルダーを静的ファイルとして提供するように設定します。

```
mkdir public
```

　　静的ファイルは「public」フォルダーにまとめることにする、ということですね。これは、そう決まっているわけではなくて、AIが提案しているだけです。一般に、広く公開するファイルなどを用意するときは「public」という名前のフォルダーを使うことが多いでしょう。

　　では、VSCodeのエクスプローラーから「新しいフォルダー」アイコンをクリックし、「public」というフォルダーを作成しましょう。

132

図4-14 「public」フォルダーを作成する。

CSSファイルを作成する

では、「public」フォルダーに静的ファイルを用意します。AIの応答では、CSSファイルを個々に配置して利用するようです。

リスト4-25 応答（続き）

例えば、`public` フォルダーに `style.css` という名前のCSSファイルを追加します。

```css
/* public/style.css */
body {
    font-family: Arial, sans-serif;
    background-color: #f0f0f0;
    color: #333;
}
```

これも、応答の通りに作業しましょう。エクスプローラーで「public」フォルダーを選択し、「新しいファイル」アイコンで「style.css」というファイルを作成します。ファイルができたら、AIが生成したコードを記述します。

Chapter-4 | Webサーバーの基本を覚える

図4-15 「public」フォルダーの中に「style.css」ファイルを作る。

server.jsを修正する

では、作成したstyle.cssを使えるようにサーバープログラムを修正しましょう。これも
AIが修正コードを作ってくれています。

リスト4-26 応答(続き)

次に、`server.js`に以下のように設定を追加します。

```javascript
const express = require('express');
const path = require('path');
const app = express();
const port = 3000;

// 静的ファイルを提供するミドルウェア
app.use(express.static(path.join(__dirname, 'public')));

app.get('/', (req, res) => {
  res.sendFile(path.join(__dirname, 'views', 'index.html'));
});

app.listen(port, () => {
  console.log(`Server running at http://localhost:${port}/`);
});
```

ここでは、「ミドルウェア」というものを使っています。ミドルウェアというのは、
Expressのプログラムにさまざまな機能を追加するためのプログラムのことです。

134

Expressは非常に小さくシンプルなプログラムですが、必要に応じてミドルウェアを追加することで、さまざまに機能拡張できるようになっているのです。

ここでは、以下のような文が追加されていますね。

```
app.use(express.static(path.join(__dirname, 'public')));
```

これで、ミドルウェアが追加されているのですね。このままだとちょっとわかりにくいので、もう少しよくわかるように分解してみましょう。

●ミドルウェアの組み込み

```
app.use( リクエストハンドラ );
```

ミドルウェアの組み込みは、Expressの「use」メソッドを使います。引数には、リクエストハンドラ（RequestHandler）というものを指定します。これは、クライアントからのリクエストを受け取って処理できるもので、これがミドルウェアの本体になります。

●静的フォルダーのミドルウェア

```
express.static(path.join(__dirname, 'public'))
```

今回、組み込んでいるのは、静的フォルダーを追加するものです。これは、express.staticというメソッドを使います。これで生成されるリクエストハンドラをuseの引数に設定すればいいのです。

staticの引数には、静的フォルダーとして指定するフォルダーのパスが指定されます。これは、path.joinを使って「public」フォルダーのパスを作成して渡しています。これで、「public」フォルダーが静的フォルダーとして設定されました。

静的フォルダーとして設定されたフォルダーは、そこに置かれているファイルにファイル名でアクセスできるようになります。例えば「abc.txt」というファイルがあれば、そのファイルにhttp://localhost:3000/abc.txtでアクセスできるようになるのです。いちいちreadFileで読み込んだり、sendFileの処理を書いたりする必要はありません。

index.htmlを修正する

これで、「public」においたstyle.cssにアクセスできるようになりました。後は、index.htmlを書き換えて、style.cssを読み込むようにするだけですね。AIの応答を見てみましょう。

リスト4-27 応答（続き）

`index.html` で `style.css` をリンクすると、CSSが適用されます。

```html
<!-- views/index.html -->
<!DOCTYPE html>
<html lang="ja">
<head>
  <meta charset="UTF-8">
  <meta name="viewport" content="width=device-width, initial-scale=1.0">
  <title>My Express App</title>
  <link rel="stylesheet" href="/style.css">
</head>
<body>
  <h1>Welcome to My Express App!</h1>
  <p>This is an HTML file served without a template engine.</p>
</body>
</html>
```

　では、index.htmlの内容をAIの生成コードに書き換え、server.jsを実行してWebブラウザからアクセスをしてみてください。http://localhost:3000/にアクセスすると、薄いグレーの背景でコンテンツが表示されます。style.cssに用意したスタイルが適用されているのがわかるでしょう。

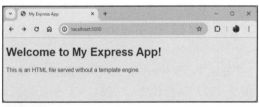

図4-16 style.cssのスタイルが適用されるようになった。

HTMLの表示を変更したい！

　これで、HTMLファイルやCSSファイルなどが使えるようになりました。けれど、ただファイルを読み込んで表示するだけでは、わざわざサーバープログラムを作る意味があまりありません。例えば、読み込んだファイルの内容をプログラムで操作したりできるから、サーバープログラムの意味があるのです。

　では、読み込んだHTMLファイルをプログラムで書き換えるようなことができないか、AIに聞いてみましょう。

Node.js から Express へ！ | 4-2

リスト4-28 プロンプト

HTMLファイルを読み込み、そのコンテンツの一部をクエリパラメータの値に置き換えたい。

リスト4-29 応答

HTMLファイルを読み込み、そのコンテンツの一部をクエリパラメータの値に置き換える方法について説明します。この場合、Node.js の `fs` モジュールを使用してHTMLファイルを読み込み、読み込んだコンテンツに対して文字列置換を行います。

あぁ、なるほど！ HTMLファイルを読み込んだら、Node.jsの置換機能を使って、コンテンツの特定部分を検索し別の値に置き換えれば、表示をカスタマイズできる、というわけですね！

ちょっと面倒くさそうですが、試してみることにしましょう。

HTMLファイルを作成する

置換で値を置き換えるには、あらかじめ値を表示する場所に検索しやすいテキストを埋め込んでおく必要があります。では、AIの応答の続きを見てみましょう。

リスト4-30 応答

HTMLファイルの作成

`views` フォルダーを作成し、その中に `template.html` ファイルを作成します。

```
mkdir views
```

以下の内容の `template.html` を作成します。このHTMLファイルの中に特定の文字列をプレースホルダーとして置いておきます。

```html
<!-- views/template.html -->
<!DOCTYPE html>
<html lang="ja">
<head>
    <meta charset="UTF-8">
    <meta name="viewport" content="width=device-width, initial-scale=1.0">
    <title>Replace Example</title>
</head>
<body>
    <h1>Hello, {name}!</h1>
    <p>Your age is {age}.</p>
</body>
</html>
```

137

既に「views」フォルダーはありますから、新たに作る必要はありません。このフォルダーの中に「template.html」という名前でファイルを作成します。そしてAIが生成したコードを記述しておきましょう。

ここでは、コンテンツ内に{name}や{age}といった記述があります。これらが、検索対象となるテキストです。検索置換するには、なるべくわかりやすく、しかも他のテキストとは明らかに違う形の値をコンテンツ内に用意しておくようにします。

図4-17 template.htmlファイルを作成する。

サーバープログラムを修正する

では、HTML内の検索文字列を別の値に置き換えて表示するようにプログラムを修正しましょう。server.jsのコードをAIが生成してくれていました。

リスト4-31 応答（続き）

Expressサーバーの作成

`server.js`ファイルを作成し、以下のコードを記述します。

```javascript
const express = require('express');
const fs = require('fs');
const path = require('path');
const app = express();
const port = 3000;

app.get('/', (req, res) => {
  const name = req.query.name || 'Guest';
  const age = req.query.age || 'unknown';

  // template.html のファイルパスを作成
  const filePath = path.join(__dirname, 'views', 'template.html');
```

Node.js から Express へ！ | 4-2

```javascript
  // ファイルを読み込む
  fs.readFile(filePath, 'utf8', (err, data) => {
    if (err) {
      res.status(500).send('Error reading the HTML file.');
      return;
    }

    // プレースホルダーをクエリパラメータの値に置き換え
    let modifiedContent = data.replace('{name}', name).replace('{age}', age);

    // 置き換えた内容をレスポンスとして送信
    res.send(modifiedContent);
  });
});

app.listen(port, () => {
  console.log(`Server running at http://localhost:${port}/`);
});
```

コードの説明

● `fs.readFile`: Node.js の `fs` モジュールを使用して、指定されたファイルパスのファイルを非同期で読み込みます。読み込んだファイルの内容はコールバック関数で受け取ります。
● 文字列置換: `data.replace('{name}', name)` と `data.replace('{age}', age)` を使って、プレースホルダー `{name}` と `{age}` をそれぞれクエリパラメータの値に置き換えています。
● エラーハンドリング: ファイルの読み込みに失敗した場合、ステータスコード 500 でエラーメッセージを返します。

コードの基本はだいたい同じですが、app.getのルート設定が変わっています。ここでは、sendFileを使わず、まずクエリパラメータを取り出しています。

```javascript
const name = req.query.name || 'Guest';
const age = req.query.age || 'unknown';
```

ここでは、nameとageというクエリパラメータの値を取り出して利用することにしているのですね。続いて、fs.readFileでファイルを読み込んでいます。

```javascript
fs.readFile(filePath, 'utf8', (err, data) => { ...
```

errがnullでない場合のエラー処理を行った後、読み込んだHTMLファイルのコンテンツから特定部分をクエリパラメータの値に置き換えます。

139

```
let modifiedContent = data.replace('{name}', name).replace('{age}', age);
```

「replace」は、文字列のメソッドで、第1引数の値を第2引数に置き換えるものです。これを使い、以下の値の置換を行っています。

```
replace('{name}', name)        {name}をnameパラメータに置き換える
replace('{age}', age)          {age}をageパラメータに置き換える
```

これで、{name}と{age}をパラメータに置き換えた文字列がmodifiedContentに取り出されます。後は、この値をクライアントに返送するだけです。

```
res.send(modifiedContent);
```

これで、値が書き換えられたHTMLコードが表示されるようになりました。
では、実際にプログラムを実行して動作を確認しましょう。ブラウザで http://localhost:3000/?name=hanako&age=34 にアクセスすると、template.htmlの内容の {name} と {age} がそれぞれ置き換えられて表示されます。

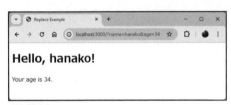

図4-18 クエリパラメータで渡したnameとageを使ったコンテンツ表示される。

Expressをもっと本格的に使おう

これで、HTMLファイルやCSSが使えるようになりました。けれど、実際にやってみるとわかりますが、まだまだ面倒ですね。またHTMLの表示をカスタマイズしようとすると、テキストを置換したりする処理を用意しないといけません。これもまた面倒です。

こんなに細々と処理を作成していかなくとも、Expressにはミドルウェアを追加して機能強化するなどして、もっとパワフルに処理を実装できる仕組みが備わっています。ただ、各種のミドルウェアを組み込み、汎用性の高いルート処理を設計し……といったことを自分で行おうとすると、これはこれで大変です。

そこで次章では、最初からよく使うミドルウェアを組み込み、パワフルに使える状態でプロジェクトを作成できるツールを使い、Expressをさらに使い込んでいくことにしましょう。

Chapter 5

Express Generatorで本格開発

Expressのアプリを作成するには、Express Generator
が便利です。ここではGeneratorを利用したアプリ作成の
基本を説明しましょう。そして最後に「ToDo」アプリを作成
してみます。

Chapter 5　Express Generatorで本格開発

5-1
Section
Express Generator
の基本

Expressは「薄い」

実際にExpressを使ってみて、どのような感想を抱いたでしょうか。おそらく多くの人が「素のNode.jsとあまり変わらない？」という印象を持ったことでしょう。これはその通りで、既に何度か触れたように、Expressは素のNode.jsに薄いレイヤーをかぶせて少しだけ便利にしたようなものです。だから誰でも比較的容易に移行できるのです。

ただし、これは逆にいえば「たいして便利になっていない」ということでもあります。実は、Expressはさまざまに機能拡張をしていけるようになっており、決して低機能というわけではないのですが、それらの機能を組み込んでパワフルに使えるようにするためには、自分でそのためのコードを書いていかないといけません。これは、Expressを使い始めたばかりのユーザーには荷が重いでしょう。

そこで、Expressの基本的な機能拡張を組み込み、デフォルトである程度強化された状態のアプリを生成するための専用ツールが提供されています。それが「Express Generator」（以後、Generatorと略）です。

Generatorは、Expressのプロジェクトを生成するツールです。これは、Expressに用意されている基本的なミドルウェアを組み込み、拡張しやすい形にルート設定がされていて、比較的簡単に多くのWebページを作成し組み込めるようになっています。またWebページのコンテンツを作成するためのテンプレートエンジンを標準で指定することで、複雑な表示を簡単に作れるようになっています。

Expressのサイトでも、プロジェクトの作成はGeneratorを使って行うことを推奨しています。Generatorは、Express開発の標準ツールといってもいいでしょう。

Generatorを利用しよう

では、Generatorを利用してみましょう。これには、npmでGenerator本体をNode.jsにグローバルインストールします。ターミナルから以下のコマンドを実行してください。

```
npm install express-generator -g
```

これでインストールが行われます。Generatorは「express-generator」というパッケージとして用意されています。これは、プロジェクトにインストールするのではなく、グローバルインストールをして、どこからでも使えるようにしておきます。コマンドの末尾の「-g」をつけると、グローバルインストールになります。

アプリケーションを作成しよう

では、実際にアプリケーションを作成しましょう。今回も、デスクトップに作ることにします。これはVSCodeのターミナルではなく、アプリケーションのターミナルやコマンドプロンプトなどを起動して行ってください。

「cd Desktop」でデスクトップに移動し、以下のコマンドを実行してください。

```
express -e my-express-server
```

図5-1　expressコマンドでアプリケーションを作る。

これで、デスクトップに「my-express-server」というフォルダーが作られ、そこに必要なファイルが作成されます。Generatorは「express」というコマンドとして組み込まれています。これは、以下のように実行します。

```
express アプリケーション名
```

これで、Expressを使ったアプリケーションが作成されます。ここでは、さらに「-e」というオプションが追加されていますが、これは「EJS」というテンプレートエンジンを使用するためのものです。Generatorでは、各種のテンプレートエンジンが使えるようになっていて、ここではEJSというもっともシンプルでわかりやすいものを使います。

（なお、テンプレートエンジンやEJSについては改めて説明をします）

パッケージの初期化

これでアプリケーションのファイルは作成されましたが、まだ必要なパッケージなどは用意されていないため、このままでは動きません。パッケージの準備をしましょう。ターミナルから以下を実行してください。

```
cd my-express-server
npm install
```

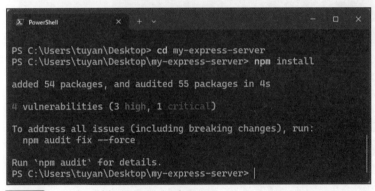

図5-2　パッケージをインストールする。

これで、必要なパッケージ類がインストールされました。また、パッケージ情報を記したpackage.jsonファイルも自動生成されます。

ただし、実行した際に「xxx vulunerabilities (xxx high, xxx critical)」(xxxは数字)といったメッセージが表示された場合は、要注意です。使用しているパッケージの一部に問題があることを知らせているからです。Generatorは、Expressと同時に更新されるわけではないため、一部パッケージが古い状態になっていることがあるのです。

このような場合は、以下のコマンドを実行します。

```
npm audit fix --force
```

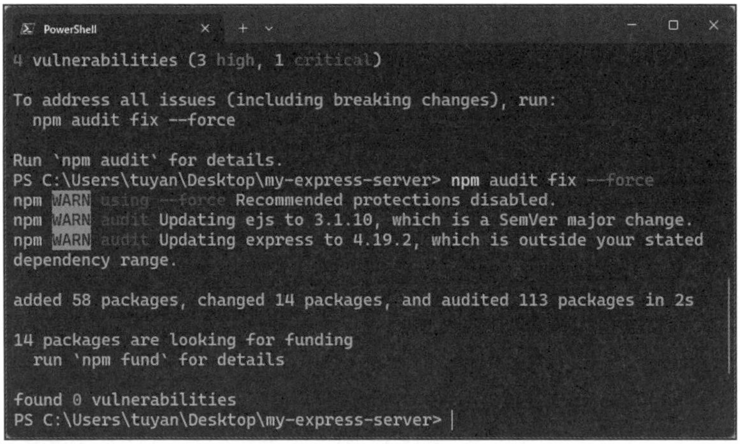

Express Generator の基本 | 5-1

図5-3 audit fixで強制的にパッケージを更新する。

　これにより、問題があるパッケージを強制的に更新します。ただし、これで完璧に修正できるとは限りません。場合によっては、返ってトラブルが悪化する危険もあります。

　vulunerabilitiesの表示で、criticalがゼロならば、audit fixを行わずそのまま利用しても構いません。いずれGeneratorも更新され、大きな問題は解消されるでしょうから、それまでは「criticalでないなら使ってOK」と考えて学習を進めていきましょう。

アプリを利用する

　では、作成されたアプリを使ってみましょう。VSCodeで「ファイル」メニューの「フォルダーを閉じる」で現在開いているフォルダーを閉じ、作成した「my-express-server」フォルダーをドラッグ＆ドロップして開いてください。

　このアプリのプロジェクトには多数のファイルが作成されていますが、ここのファイルについては後ほど説明します。まずはアプリケーションを動かしてみましょう。

　「ターミナル」メニューの「新しいターミナル」を選んでターミナルの表示を呼び出し、以下を実行してください。

```
SET DEBUG=my-express-server:* & npm start
```

145

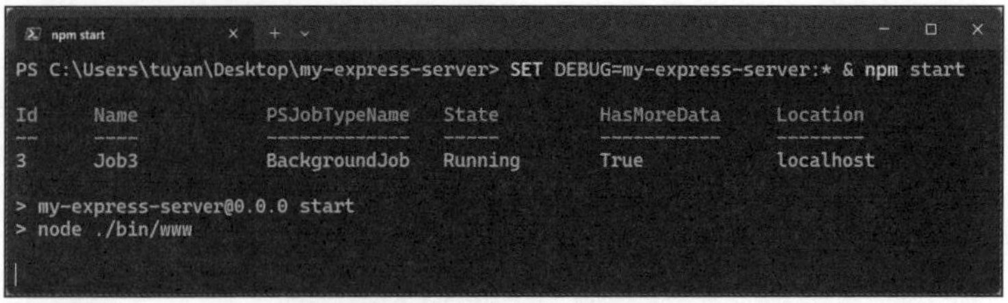

Chapter-5 | Express Generatorで本格開発

図5-4 デバッグモードで実行する。

　これは、デバッグモードでアプリケーションを起動するためのものです。単にアプリを動かすだけなら「npm start」だけでOKです。この「npm start」が、Generatorで作成したアプリを実行するコマンドになります。

　実行したら、Webブラウザからhttp://localhost:3000/にアクセスしてみましょう。「Express」とタイトル表示されたWebページが現れます。これがデフォルトで作成されたWebページになります。

図5-5 http://localhost:3000/にアクセスする。

Generatorアプリのファイル構成

　では、Generatorを使って作成されたアプリはどのようになっているのでしょう。前章で作ったものとは何がどう違うのでしょうか。

　VSCodeのエクスプローラーで、フォルダーに用意されているファイルを確認してみましょう。すると、以下のようなものがあることがわかります。

「bin」フォルダー	プログラムの起動処理が入っています。
「node_modules」フォルダー	既に登場しました。必要なパッケージが入っています。
「public」フォルダー	公開される静的ファイルの保管場所です。
「routes」フォルダー	ルート設定のコード類が入っています。

「views」フォルダー	テンプレートファイルが保管されるところです。
app.js	アプリケーションのコードです。
package-lock.json	パッケージ管理ツールが自動生成するものです。
package.json	パッケージ情報が記述されています。

　思った以上にたくさんのものが作成されていることがわかります。この内、「node_modules」フォルダーやpackage.jsonなどは既に説明済みですね。また「public」フォルダーは、前に静的ファイルを利用するときにも使いました。

　これらの中で重要なのは「routes」フォルダーと「views」フォルダーです。

図5-6　エクスプローラーでファイル構成を確認する。

「routes」フォルダーについて

　「routes」フォルダーは、ルート設定のコードをまとめておくところです。前章でExpressのアプリを作ったとき、JavaScriptのコードには、Expressの設定類の他に「ルート設定」というものが用意されていたことを思い出してください（app.get～というものです）。

　このルート設定は、アクセスするパスに処理を割り当てるものでした。アプリのさまざまな処理は、このルート設定で行われました。それ以外の、Expressの設定などは、一度作ってしまうとほとんど編集することはありません（新たに機能を追加するようなときに修正するだけです）。つまり、アプリ開発のほとんどは、ルート設定を作ることだといっていいでしょう。

　そこでGeneratorでは、Express本体の作成や設定などの部分と、ルート設定の部分を分けて、ルート設定のコードは「routes」フォルダーに作成するようにしたのです。こうすることで、プログラムをわかりやすく整理でき、またさまざまなパスごとにルート設定のファイルを用意できるようにすることで拡張もしやすくなるのです。

Chapter-5 | Express Generator で本格開発

「views」フォルダーについて

もう 1 つの重要なフォルダーが「views」です。ここには、テンプレートファイルが用意されます。

Generatorのアプリには、「テンプレートエンジン」というものが標準で組み込まれます。これは、Webページの画面となるHTMLコードを生成するのに使われるもので、テンプレートエンジンにより表示をJavaScriptから簡単に変更したりできるようになります。このテンプレートエンジン用のファイルが、ここにまとめられているのです。

（※テンプレートエンジンについては後ほど説明します）

コードの内容を確認する

では、生成されたコードがどのようになっているのか確認しましょう。Generatorのコードは、大きく3つの部分に分かれています。「bin」フォルダーにあるwww、app.js、「routes」フォルダー内のファイル（デフォルトではindex.jsとusers.js）です。

この内、「bin」フォルダーにある「www」は、起動時の処理を行うものです。この中からapp.jsが実行されるようになっています。このwwwは、ユーザーが編集することは一切ありません。従って、中身を理解する必要はありません（そう難しくはないので、興味ある人はそれぞれで調べてみるとよいでしょう）。

私たちが実際に使うことになるアプリケーション本体のコードは、app.jsです。このファイルの中身がどうなっているのか調べてみましょう。

こういう場合、コードをAIにコピー＆ペーストし、「コードに1行ずつコメントを付けて説明してください」と送信すると、非常に詳しくコメントを付けてくれます。こうして生成されたコメント付きコードを見ながら処理の流れを見ていきましょう。

リスト5-1 応答

1. 必要なモジュールのインポート

```
// HTTP エラーを生成するためのユーティリティ
var createError = require('http-errors');

// HTTP エラーを生成するためのユーティリティ。
var express = require('express');

// ファイルパスを操作するための Node.js の標準モジュール。
var path = require('path');

// クッキーのパースを支援するミドルウェア。
var cookieParser = require('cookie-parser');
```

Express Generator の基本 | 5-1

```
// ログ出力用のミドルウェアで、リクエストのログを簡単に管理できます。
var logger = require('morgan');
```

　これらは、Expressで利用するモジュールをインポートするものです。expressモジュール以外にもさまざまなモジュールが利用されていることがわかります。それぞれのモジュールについては、詳しい使い方などはここで理解する必要はありません。以下のコードを見ながら、何をしているかさえわかれば十分でしょう。

リスト5-2 応答

2. ルーターモジュールのインポート

```
// メインルート（`/`）用のルーター。
var indexRouter = require('./routes/index');

// ユーザー関連のルート（`/users`）用のルーター。
var usersRouter = require('./routes/users');
```

　具体的な処理に進みます。最初に行っているのはルート設定を行っている「routes」フォルダー内のファイルをここでインポートしています。「routes」フォルダーにあるコードは、「ただそこに置けば自動的に読み込んでくれる」というわけではなく、このようにapp.js内でコードを読み込み、必要な処理を行っているのですね。
　この「ルート設定のコードの利用」も、モジュールと同様にrequire関数で行うことができます。これで、「routes」フォルダーにあるindex.jsとusers.js内のオブジェクトをそれぞれindexRouterとusersRouterに取り出しているのです。

リスト5-3 応答

3. Express アプリケーションの作成

```
// Express アプリケーションのインスタンスを作成します。
var app = express();
```

　続いて、Expressオブジェクトを作成します。これは、全く同じですからわかりますね。

149

Chapter-5 | Express Generator で本格開発

リスト5-4 応答

4. ビューエンジンの設定

```
// ビュー (テンプレート)ファイルが保存されているディレクトリを指定します。
app.set('views', path.join(__dirname, 'views'));

// テンプレートエンジンとして EJS を設定します。
app.set('view engine', 'ejs');
```

　テンプレートエンジンの設定です。app.setは、Expressの設定を行うためのものです。1行目では、「views」という設定に、「views」フォルダーのパスを設定します。これで、テンプレートファイルの置き場所を決めているのですね。

　続いて2行目は、「view engine」という設定に「ejs」という値を設定しています。これは、使用するテンプレートエンジンを指定するもので、「ejs」というテンプレートエンジンを使うようにここで設定しています。

リスト5-5 応答

5. ミドルウェアの設定

```
// リクエストのログを詳細に出力します(開発用)。
app.use(logger('dev'));

// JSON 形式のリクエストボディを自動的にパースします。
app.use(express.json());

// URL エンコードされたデータをパースします。
// `extended: false` では、クエリ文字列モジュールがデータのパースに使用されます。
app.use(express.urlencoded({ extended: false }));

// クッキーを解析し、`req.cookies` オブジェクトとしてアクセスできるようにします。
app.use(cookieParser());

// `public` ディレクトリ内のファイルを静的ファイルとして提供します。
app.use(express.static(path.join(__dirname, 'public')));
```

　ここにある一連のapp.use文は、Expressにミドルウェアを組み込んで機能を拡張するものです。express.staticは、先に使いましたね(静的フォルダーを利用するものです)。それ以外のものは、Expressを利用するうえで組み込んでおいたほうが便利なものが一通り追加されています。

150

Express Generator の基本 | 5-1

　これらは、「こういうものがある」ということだけわかっていればいいでしょう。これらを
削除することはまずありません。また、「新たにミドルウェアを追加する」というときも、こ
れらの記述の末尾に同じようにapp.useを使って組み込み処理を書けばいい、ということ
がわかります。

　「ミドルウェアの追加は、これらのapp.use〜のところに書く」ということだけ覚えてお
きましょう。

リスト5-6 応答

6. ルーターの設定

```
// ルート（`/`）へのリクエストを `indexRouter` にルーティングします。
app.use('/', indexRouter);

// `/users` へのリクエストを `usersRouter` にルーティングします。
app.use('/users', usersRouter);
```

　先ほど、requireで「routes」フォルダー内のindex.jsとusers.jsのオブジェクトをイン
ポートしましたが、それらの設定を行っているのがこの部分です。app.useを使い、各パ
スに「routes」フォルダー内から読み込んだオブジェクトを割り当てています。

　これにより、指定したパスへのアクセスがあったときには、割り当てたオブジェクトに処
理が渡されるようになります。ここでは、トップページ（'/'）にアクセスがあると
indexRouterで処理され、/usersというパスにアクセスされたときにはusersRouterで
処理されるようにしています。

リスト5-7 応答

7. 404 エラーキャッチと次のエラーハンドラへの転送

```
// リクエストが上記のいずれのルートにもマッチしない場合、
// `createError(404)` を使用して 404 エラーを生成し、
// 次のエラーハンドラに転送します。
app.use(function(req, res, next) {
  next(createError(404)); // 404 エラーを作成して次のミドルウェアに渡す
});
```

　ルート設定がされていないパスにアクセスがあった場合のエラー処理です。404エラー
というものを発生させています。

151

Chapter-5 | Express Generator で本格開発

リスト5-8 応答

8. エラーハンドラ

```
// 開発環境では詳細なエラーメッセージを表示し、
// その他の環境では一般的なエラーメッセージを表示します。
app.use(function(err, req, res, next) {
  // ローカル変数の設定。開発環境でのみエラー詳細を提供
  res.locals.message = err.message;
  res.locals.error = req.app.get('env') === 'development' ? err : {};

  // ステータスコードを設定します(エラーのステータスか、デフォルトで500)
  res.status(err.status || 500);
  // `error` テンプレートを使用してエラーページをレンダリングします。
  res.render('error');
});
```

　エラー時の処理です。ここでは、req.app.get('env')というものを調べ、その値が'development'かどうかでエラーの詳細を渡すかどうかを設定しています。そして、res.statusでステータスコードを設定し、res.renderというもので「views」フォルダーのerror.ejsを使ってエラーページを表示しています(res.renderについては後ほど触れます)。

リスト5-9 応答

9. `app` オブジェクトをエクスポート(他のファイルからインポート可能に)

```
// `app` オブジェクトをエクスポートし、他のファイルから
// このアプリケーションを使用できるようにします。
module.exports = app;
```

　最後に、作成されたExpressオブジェクトをmodule.exportsというものに代入しています。これは、このapp.jsが外部からrequireでロードされたときに、このappが取り出されるようにするものです。

　先ほどちらっと触れましたが、app.js自体も、「bin」フォルダー内のwwwというプログラムからインポートされて利用されています。このため、このapp.jsも、外部から利用できる形でプログラムを作成しておかないといけません。このmodule.exports = app;は、このために必要な処置なのです。

　これで、app.jsで行っていることがだいたいわかりました。詳しいことはまだわからないかも知れませんが、とりあえず「全体の流れがだいたいわかればOK」と割り切って考えましょう。

Express Generator の基本 | 5-1

「routes」フォルダーのindex.js について

　続いて、「routes」フォルダーに用意されているルート設定のコードを見てみましょう。ここには2つのファイルがあります。まずは「index.js」から見てみましょう。AIで、各行にコメントを付けてもらいました。

リスト5-10 応答

```javascript
// Expressモジュールをインポート
var express = require('express');

// ルーターオブジェクトを作成。これを使ってルートを定義する。
var router = express.Router();

/* GET home page. */
// HTTP GETリクエストがルート('/')に来たとき実行されるルートハンドラを設定
router.get('/', function(req, res, next) {
  // index.ejs テンプレートをレンダリングし、'title' 変数を 'Express' に設定
  res.render('index', { title: 'Express' });
});

// ルーターオブジェクトをエクスポートし、他のモジュールで使用できるようにする
module.exports = router;
```

　require('express') で、Expressをインポートした後、express.Routerという関数を呼び出しています。これは、「Router」というオブジェクトを作成するものです。

　Routerは、ルート設定を管理するためのオブジェクトです。前章では、app.get ～というようにしてルート設定を行っていましたね。Routerには、これと同様のルート設定のためのメソッドが用意されています。ここでは、router.get ～でGETメソッドでアクセスした際の処理を実装しています。第1引数にはパスとして'/'を指定し、第2引数には関数を指定しています。これで、'/'にアクセスした際に関数の処理が実行されるようになります。

renderでレンダリングする

　引数の関数内で行っているのは、以下の一文のみです。

```javascript
res.render('index', { title: 'Express' });
```

　この「render」メソッドは、第1引数で指定したテンプレートをレンダリングしてクライ

Chapter-5 | Express Generatorで本格開発

アントに送る働きをします。レンダリングというのは、テンプレートを元に、実際に表示される HTML のコードを生成する作業です。

テンプレートというのは、HTML コードの中にさまざまな形で JavaScript の値やコードが埋め込まれています。これらをその場で実行して表示する値を作り、HTML のコードに埋め込んでいくのがレンダリングです。

レンダリングに必要な値は、第2引数にオブジェクトとして用意されます。ここでは、以下のような値が用意されていますね。

```
{ title: 'Express' }
```

titleというキーに'Express'という値が割り当てられています。これを使って、indexテンプレートをレンダリングし表示するわけです。

この'index'という値は、「views」フォルダーにある「index.ejs」ファイルを示します。renderで指定するテンプレート名は、拡張子が省略されます。今回、使っている EJS というテンプレートエンジンでは、.ejsという拡張子が使われています。従って、'index'と指定すれば、自動的に「views」フォルダー内のindex.ejsが指定されていると判断されるのです。

これでルート設定は完了です。最後に、外部のプログラムからモジュールとして利用できるようにするため、module.exports = router;という文を追加してコード完成です。

[users.js について

続いて、users.jsのコードを見てみましょう。こちらも、AIでコメントを付けてもらいました。

リスト5-11 応答

```javascript
// Express モジュールをインポートし、変数expressに代入
var express = require('express');

// ルーターオブジェクトを作成。これを使ってルート(経路)を定義する
var router = express.Router();

/* GET users listing. */
// HTTP GETリクエストがルート('/')に来たとき実行されるルートハンドラを設定
router.get('/', function(req, res, next) {
  // クライアントに 'respond with a resource' という文字列を送信
```

Express Generator の基本 | 5-1

```
   res.send('respond with a resource');
});

// ルーターオブジェクトをエクスポートし、他のモジュールで使用できるようにする
module.exports = router;
```

　基本的な処理の流れは全く同じですが、router.getの部分が少しだけ違います。ここを見てみましょう。こうなっていますね。

```
router.get('/', function(req, res, next) { ...
```

　ん？　何か違和感がないですか？　'/'というパスは、先ほどindex.jsにありました。どうして同じものがここにもあるんでしょうか？

router.getの働き

　実は、ここでの'/'は、'/'というパスではないのです。正確には、'/users/'というパスになるのです。先にapp.jsでusersRouterをExpressに組み込んだときの処理を思い出してください。

```
app.use('/users', usersRouter);
```

　こうなっていました。usersRouterを、'/users'というパスに割り当てています。ということは、このusers.jsにあるrouter.get('/', 〜というものは、/users内の'/'というパス（つまり、'/users/'）となるわけです。

　このように、「routers」フォルダー内のルート設定ファイルでrouter.getなどでルートを設定する場合、そのパスは「Expressでルート設定オブジェクトが割り当てられているパス内」の相対パスになるのです。これはしっかりと頭に入れておいてください。

　さて、router.getのコールバック関数で実行している処理を見てみましょう。ここでは、以下のようになっていますね。

```
res.send('respond with a resource');
```

　sendというメソッドは、前章でExpressオブジェクトに用意されていたものを使いましたね。引数に指定したテキストをクライアントに表示するためのものでした。Routerオブジェクトにあるsendも働きは全く同じです。ここでは、簡単なテキストをメッセージとして送っているだけだったのです。

155

Chapter-5 | Express Generatorで本格開発

ルート設定の基本コード

これで、ルート設定の書き方がだいたいわかってきました。整理すると、以下のようになっていることがわかります。

●ルートの基本コード

```javascript
var express = require('express');
var router = express.Router();

router.get('/', function(req, res, next) {
    // ここにページを表示するための処理を書く
});

module.exports = router;
```

これが、ルート設定のコードの基本形となります。後は、これを元にコールバック関数内に必要な処理を追加していけばいいのです。

[package.jsonについて

JavaScriptのコードがだいたいわかったところで、もう1つ、package.jsonについてもチェックしましょう。ここでは、以下のようなものが書かれているでしょう。

リスト5-12

```json
{
  "name": "my-express-server",
  "version": "0.0.0",
  "private": true,
  "scripts": {
    "start": "node ./bin/www"
  },
  "dependencies": {
    "cookie-parser": "~1.4.4",
    "debug": "~2.6.9",
    "ejs": "^3.1.10",
    "express": "^4.19.2",
    "http-errors": "~1.6.3",
    "morgan": "~1.9.1"
  }
}
```

Express Generator の基本 | 5-1

まず、目を引くのは、"dependencies" に追加されている項目の多さでしょう。Generatorでは、これらのパッケージを標準で組み込んでいます。

"cookie-parser"	クッキーを使いやすく処理するもの
"debug"	デバッグのためのもの
"ejs"	テンプレートエンジン
"express"	Express本体
"http-errors"	HTTPのエラー処理を追加するもの
"morgan"	ログ出力のためのもの

1つ1つのパッケージを覚える必要は全くありませんが、こんなものがデフォルトで組み込まれている、ということは知っておくとよいでしょう。

なお、ここではEJSというテンプレートエンジンを使っていますが、Expressで使えるテンプレートエンジンは他にもあります。そうしたものを利用している場合は、"ejs" の代わりに別のパッケージが追加されます。

scriptについて

今回のpackage.jsonには、もう1つ注目すべきものがあります。それは、"scripts" という項目です。

```
"scripts": {
  "start": "node ./bin/www"
}
```

これは、"start" といnpmコマンドを定義するものです。このscriptsは、「npm run コマンド」という形で実行できるコマンドを定義します。ここでは、"node ./bin/www" という値が"start"に指定されていますね。これにより、「npm run start」と実行すると、「node ./bin/www」が実行されるようになります。

（ただし、startというのはプログラムの実行に使われるデフォルトのコマンドなので、これは「npm start」だけで実行できるようになっています）

157

デバッグ用コマンドを追加する

では、このscriptsを独自に定義してみましょう。"scripts": { ... }の部分を、以下のように修正してみてください。

リスト5-13

```
"scripts": {
  "start": "node ./bin/www",
  "debug": "SET DEBUG=my-express-server:* & npm start"
},
```

新たに"debug"というコマンドを定義しました。これで、先にデバッグモードで実行したコマンド(SET DEBUG=my-express-server:* & npm start)が実行されるようにしておきます。

記述したらpackage.jsonを保存し、ターミナルから「npm run debug」と実行してみましょう。SET DEBUG=my-express-server:* & npm startが実行され、デバッグモードでアプリケーションが起動します。

面倒なコマンドなどは、このようにscriptsに簡単なコマンドとして登録しておくと、操作が楽になります。使いこなすと便利な機能ですね！

図5-7　npm run debugでデバッグモードで実行できるようになった。

Chapter 5 Express Generator で本格開発

5-2
Section
EJS テンプレートエンジン

「views」フォルダーの index.ejs

さて、JavaScriptのコードはだいたいわかりましたが、まだ手を付けてないものがあります。それは、「テンプレートファイル」です。

Generatorでは、EJSというテンプレートエンジンを使うように設定してあります。このテンプレートエンジンがどういう働きをするものか、見てみましょう。

では、「views」フォルダーにある「index.ejs」ファイルを開いてみてください。以下のようなコードが記述されているのがわかります。

リスト5-14

```
<!DOCTYPE html>
<html>
  <head>
    <title><%= title %></title>
    <link rel='stylesheet' href='/stylesheets/style.css' />
  </head>
  <body>
    <h1><%= title %></h1>
    <p>Welcome to <%= title %></p>
  </body>
</html>
```

ざっと見た感じでは、「普通のHTMLでは？」と思ったかも知れません。が、よく見ると、普通のHTMLでは見られない特殊なタグが書かれていることがわかるでしょう。そう、<=% title %>というものです。

これが、テンプレートエンジンEJSの機能なのです。

159

Chapter-5 | Express Generatorで本格開発

<%= %>の働き

この<%= %>というタグは、JavaScriptから渡された値を埋め込むためのものです。ここに変数などを設定することで、その値をこの部分に埋め込むことができます。

先にindex.jsのコードを調べたとき、ルート設定の処理を以下のように用意していましたね。

```javascript
router.get('/', function(req, res, next) {
  res.render('index', { title: 'Express' });
});
```

ここで、{ title: 'Express' }という値がレンダリング時にテンプレートに渡されていました。これにより、以下のように表示が変換されます。

```html
<title><%= title %></title>
<h1><%= title %></h1>
```

↓

```html
<title>Express</title>
<h1>Express</h1>
```

用意されたtitleの値が、<%= title %>に置き換わってはめ込まれることがわかるでしょう。これが、EJSの働きです。この<%= %>をHTMLのさまざまなところに配置することで、JavaScript側から表示を設定できるようになるのです。

パラメータを利用する

では、<%= %>を利用した例を作ってみましょう。JavaScriptで決まった値を用意するのはわかったので、ユーザーが送った値を表示するようなものを作ってみます。先に、クエリパラメータというものを使いましたね。これを利用したサンプルを作らせてみましょう。

リスト5-15 プロンプト

<%= %>とクエリパラメータを利用したシンプルな例を作成してください

これで、簡単なサンプルコードを作成してくれました。ただし、生成されたのはGeneratorを利用しないExpressのアプリケーションコードであったため、Generator用に修正したものを以下に掲載します。

EJSテンプレートエンジン | 5-2

index.ejsを修正する

まず、テンプレートファイルからです。「views」フォルダー内のindex.ejsを開き、以下のように書き換えましょう。

リスト5-16 応答

/views/index.ejsのソースコード

```
<!DOCTYPE html>
<html lang="ja">
<head>
  <meta charset="UTF-8">
  <meta name="viewport"
    content="width=device-width, initial-scale=1.0">
  <title>Query Parameter Example</title>
  <link rel="stylesheet" href="/stylesheets/style.css">
</head>
<body>
  <div class="container">
    <h1>Welcome!</h1>
    <!-- EJSの<%= %>タグを使ってクエリパラメータの名前を表示 -->
    <p>Hello, <%= userName %>!</p>
    <p>Enter your name in the URL query string like this:
      <code>?name=YourName</code></p>
  </div>
</body>
</html>
```

ここでは、ルート設定の処理でレンダリング時に渡された値を以下のように表示しています。

```
<p>Hello, <%= userName %>!</p>
```

後は、レンダリング時にuserNameという値を渡すようにコードを用意すればいいわけですね。

style.cssを修正する

今回は、スタイルシートも用意しておくことにしましょう。少し長いですが、「public」内の「stylesheets」フォルダーにあるstyle.cssを以下のように書き換えます。

161

Chapter-5 | Express Generatorで本格開発

リスト5-17 応答

/public/stylesheets/style.cssのソースコード

```css
body {
  font-family: Arial, sans-serif;
  background-color: #f9f9f9;
  margin: 0;
  padding: 0;
  display: flex;
  justify-content: center;
  align-items: center;
  height: 100vh;
}

.container {
  background: #fff;
  padding: 20px;
  border-radius: 8px;
  box-shadow: 0 0 10px rgba(0, 0, 0, 0.1);
  text-align: center;
}

h1 {
  font-size: 18px;
  margin-bottom: 20px;
}

p {
  font-size: 18px;
  color: #333;
}

code {
  background-color: #e8e8e8;
  padding: 2px 4px;
  border-radius: 4px;
}
```

　今回は、<h1>、<p>、<code>といったタグ用のCSSクラスを用意してあります。少し長いですが、これらはこれから作るサンプルでも利用するものなので頑張って記述しましょう。

EJSテンプレートエンジン | 5-2

index.jsを修正する

では、残るJavaScriptのコードの作成です。「routes」フォルダー内のindex.jsを開いて、以下のように書き換えましょう。

リスト5-18 応答

/routes/index.jsのソースコード

```javascript
var express = require('express');
var router = express.Router();

// ルートハンドラー
router.get('/', (req, res) => {
    // クエリパラメータ'name'を取得、ない場合は'Guest'を使用
    // EJSテンプレートに名前を渡してレンダリング
    const name = req.query.name || 'Guest';
    res.render('index', { userName: name });
});

module.exports = router;
```

router.getのコールバック関数を見てみましょう。ここでは、クエリパラメータとして渡されるnameという値を変数に取り出しています。

```javascript
const name = req.query.name || 'Guest';
```

これで、req.query.nameの値が変数nameに取り出されます。パラメータの値がない場合は、'Guest'が渡されます。後は、この値をテンプレートに渡してレンダリングするだけです。

```javascript
res.render('index', { userName: name });
```

{ userName: name }という値を渡してindexテンプレート側でuserNameが使えるようにしています。これで、req.query.nameで取り出した値がテンプレートで表示できるようになりました。慣れてしまえば、<%= %>による値の埋め込みはさまざまな使い方ができそうですね。

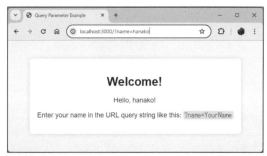

図5-8 ?name=hanakoとつけてアクセスすると「Hello, hanako!」と表示される。

フォームを利用する

テンプレートの基本的な使い方がわかったら、これを利用したサンプルをいくつか作りながら使い方をマスターしていきましょう。まずは、フォームを利用する例からです。

リスト5-19 プロンプト
<%= %>を利用し、フォームを使ってデータを送信するシンプルな例を作成してください。

生成されたコードは、やはりGeneratorではなくデフォルトのExpressコードなので、Generator用に修正したものを掲載しておきます。

まずは、テンプレートファイルからです。今回も「views」内のindex.ejsを書き換えて使いましょう。

リスト5-20 応答

```
/views/index.ejsのソースコード

<!DOCTYPE html>
<html lang="ja">
<head>
  <meta charset="UTF-8">
  <meta name="viewport"
    content="width=device-width, initial-scale=1.0">
  <title>Submit Your Name</title>
  <link rel="stylesheet" href="/stylesheets/style.css">
</head>
<body>
  <div class="container">
    <h1>Submit Your Name</h1>
    <form action="/submit" method="POST">
```

EJSテンプレートエンジン | 5-2

```
            <label for="name">Name:</label>
            <input type="text" id="name" name="name" required>
            <button type="submit">Submit</button>
        </form>
        <!-- EJSの<%= %>タグを使って送信された名前を表示 -->
        <p><%= name == null ? '' : `Hello, ${name}!` %></p>
    </div>
</body>
</html>
```

　ここでは、<form>タグにaction="/submit" method="POST"と属性を指定しておき
ました。これで、/submitにPOST送信するようになります。また、結果を表示する<p>
には、以下のような形で<%= %>が記述されています。

```
<%= name == null ? '' : `Hello, ${name}!` %>
```

　何だかよくわからないかも知れませんが、これは「三項演算子」を使って書いているのです。
三項演算子というのは、真偽値の値を使って異なる値が得られるようにする式です。これは
以下のように記述します。

```
比較演算の式 ? true時の値 : false時の値
```

　ここでは、以下のように三項演算子が使われています。

式	name == nul
trueの値	''
falseの値	`Hello, ${name}!`

　nameがnullならば、''という空の文字列が設定されます。そしてnull以外の場合は、
`Hello, ${name}!`というテンプレートリテラルを指定しています。
　テンプレートリテラルというのは、JavaScriptの文字列リテラルの一種で、リテラル内
に${}という記号を使って変数などを埋め込むことができるものです。通常の文字列リテラ
ルと異なり、前後はバッククォート(`)で囲みます。ここでの`Hello、${name}!`というのは、
nameの値がtaroならば、"Hello、taro!"という文字列に変換されるわけです。

165

Chapter-5 Express Generatorで本格開発

CSSクラスの追加

では、新たに使うHTML要素用のCSSクラスを追記しておきましょう。「public」内の「stylesheets」フォルダーにあるstyle.cssに以下のコードを追加します。

リスト5-21 応答

/public/stylesheets/style.cssに追記

```css
form {
  margin-bottom: 20px;
}

label {
  margin-right: 10px;
}

input[type="text"] {
  padding: 5px;
  margin-right: 10px;
}

button {
  padding: 5px 10px;
  background-color: #007BFF;
  color: #fff;
  border: none;
  border-radius: 4px;
  cursor: pointer;
}

button:hover {
  background-color: #0056b3;
}
```

（※既に書かれているクラスはそのままにしておくこと）

これで、フォーム関係（<form>、<label>、<input>、<button>など）のCSSクラスが追加されました。

index.jsを修正する

これでテンプレート側はできました。最後にルート設定のコードを修正します。「routes」内のindex.jsを開いて以下のように修正しましょう。

リスト5-22 応答

/routes/index.jsのソースコード

```javascript
var express = require('express');
var router = express.Router();

// フォームを表示するルート
router.get('/', (req, res) => {
  res.render('index', { name: null }); // 初期表示では名前がない
});

// フォームデータを受け取るルート
router.post('/submit', (req, res) => {
  // フォームの 'name' フィールドからデータを取得
  const userName = req.body.name;
  // 取得した名前をテンプレートに渡して再表示
  res.render('index', { name: userName });
});

module.exports = router;[s]
```

図5-9　フォームに名前を書いて送信するとメッセージが表示される。

Chapter-5 | Express Generatorで本格開発

これで完成です。完成したらWebブラウザでhttp://localhost:3000/にアクセスしてみてください。名前を入力するフォームが表示されます。ここに名前を書いて送信すると、その下に「Hello,○○!」とメッセージが表示されます。

ここでは、2つのルート設定が用意されています。

●'/'にGETアクセス

```
router.get('/', (req, res) => { ... });
```

●'/submit'にPOSTアクセス

```
router.post('/submit', (req, res) => { ... });
```

トップページにアクセスしたときの処理は、router.get('/', ～に用意しています。そしてフォーム送信したときの処理は、router.post('/submit', ～で行っています。router.postは、POST送信された際の処理を割り当てるものです。

ここでreq.body.nameで送信されたフォームから値を取り出しています。フォームの値は、Requestのbodyプロパティにまとめられているのです。値は、フォームにあるコントロールのname属性で保管されます。例えば、name="abc"と指定してあったものは、req.body.abcに保管される、というわけです。ここではname="name"という形で<input>が用意されていますので、req.body.nameに値が保管されていた、というわけです。

<% %>によるコードの実行

ここまで使ってきた<%= %>の他にも、EJSには特別なタグがあります。それは、<% %>というものです。これは、JavaScriptのコードを実行するためのものです。

```
<% コードを記述 %>
```

このように記述することで、用意されたJavaScriptコードをその場で実行することができます。

この<% %>の最大の特徴は、「複数の<% %>を1つのコードとして実行する」という点でしょう。何ヶ所かに分かれて記述した<% %>は、それぞれが別々に実行されるわけではなく、すべてを一つのコードとして実行できます。

例えば、こんなものを考えてみてください。

168

```
<% if (○○) { %>
  <abc>
<% } else { %>
  <xyz>
<% } %>
```

これは、レンダリングすると以下のようなコードとして処理されるようになります。

```
if (○○) {
  <abc>
} else {
  <xyz>
}
```

3つの<% %>により、if文が作成され、条件がtrueの場合は<abc>、falseの場合には<xyz>が表示されるようになります。

ユーザーのステータスを表示する

では、実際の利用例を見てみましょう。ここでは簡単な例として、ユーザーのステータスを表示するサンプルをAIに作ってもらいます。

リスト5-23 プロンプト

EJSの<% %>を利用したサンプルを作成してください。仕様は以下の通りです。

- ユーザーの名前とステータスを保管した変数を用意し、その内容を表示する。
- ステータスの値は、active, inactive, suspendedの3つがある。値によって表示のスタイルを変える。
- ステータスの値はクエリパラメータを利用して設定できる。

サンプルを作る場合、特に作る内容の指定などがない場合は「○○を作ってください」で問題なく作成してくれます。けれど、「こういうものを作ってほしい」という明確なものがある場合は、詳しい仕様を記述して送信すると、要望に沿ったものが作成されます。

index.ejsの作成

では、生成されたコードを見てみましょう。今回も、AIが生成したコードはGeneratorのアプリにあわせて一部修正してあります。

まずは、テンプレートからです。「views」フォルダーのindex.ejsを以下に修正します。

Chapter-5 | Express Generator で本格開発

リスト5-24 応答

/views/index.ejsのソースコード

```
<!DOCTYPE html>
<html lang="ja">
<head>
  <meta charset="UTF-8">
  <meta name="viewport"
    content="width=device-width, initial-scale=1.0">
  <title>User Status</title>
  <link rel="stylesheet" href="/stylesheets/style.css">
</head>
<body>
  <div class="container">
    <h1>User Status</h1>
    <p>User: <%= user.name %></p>
    <!-- EJSの<% %>タグを使って条件文を実行 -->
    <% if (user.status === 'active') { %>
      <p class="status active">Status: Active</p>
    <% } else if (user.status === 'inactive') { %>
      <p class="status inactive">Status: Inactive</p>
    <% } else if (user.status === 'suspended') { %>
      <p class="status suspended">Status: Suspended</p>
    <% } %>
  </div>
</body>
</html>
```

ここでは、<% %>を使ってifによる条件分岐を作成しています。ここでのステータスの表示部分を整理すると、以下のようになっています。

```
<% if (user.status === 'active') { %>
    ※'active'のときの表示
<% } else if (user.status === 'inactive') { %>
    ※'inactive'のときの表示
<% } else if (user.status === 'suspended') { %>
    ※'suspended'のときの表示
<% } %>
```

それぞれ、<%と%>を削除するとやっていることがよくわかります。ifを使い、user.statusの値をチェックして、この値が'active'、'inactive'、'suspended'の場合にそれぞれ表示を行うようにしていたのですね。

170

EJSテンプレートエンジン | 5-2

CSSクラスの追加

では、ステータスごとの表示をCSSで作成しておきましょう。「public」内の「stylesheets」フォルダーにあるstyle.cssに以下を追記します。

リスト5-25 応答

/public/stylesheets/style.cssに追記

```css
p.status {
  font-size: 18px;
  font-weight: bold;
}

p.status.active {
  color: green;
}

p.status.inactive {
  color: orange;
}

p.status.suspended {
  color: red;
}
```

これで、<p>に用意されたステータス名ごとに表示スタイルが変わるようになりました。

index.jsを修正する

最後は、ルート設定です。「routes」内のindex.jsを開き、以下のように書き換えます。

リスト5-26 応答

/routes/index.jsのソースコード

```javascript
var express = require('express');
var router = express.Router();

// ユーザー情報の変数
const user = {
  name: 'Alice',
  status: 'active' // デフォルトのステータス
};
```

171

```javascript
// ルートハンドラ
router.get('/', (req, res) => {
  // クエリパラメータからステータスを取得
  const queryStatus = req.query.status;

  // ステータスが有効ならユーザーのステータスを更新
  if (['active', 'inactive', 'suspended'].includes(queryStatus)) {
    user.status = queryStatus;
  }

  // EJSテンプレートをレンダリング
  res.render('index', { user });
});

module.exports = router;[w]
```

図5-10　statusクエリーパラメータでステータスを変更できる。

　修正したら、http://localhost:3000/にアクセスしてみてください。ユーザー名と現在のステータスが表示されます。ステータスは、statusクエリパラメータをつけてアクセスすることで変更できます。試しに、http://localhost:3000/?status=suspendedとアクセスしてみましょう。すると、suspendedにステータスが更新されます。

　ここでは、req.query.statusの値を定数queryStatusに取り出した後、以下のようにして更新を行っています。

```javascript
if (['active', 'inactive', 'suspended'].includes(queryStatus)) {
    user.status = queryStatus;
  }
```

　取得したステータスが、'active', 'inactive', 'suspended'のいずれかならば、user.statusの値を変更します。それ以外の値の場合は変更されないようにしているのですね。

EJSテンプレートエンジン | 5-2

そして、ユーザーの値をテンプレートに渡してレンダリングをします。

```
res.render('index', { user });
```

ここでは、{ user }というように値を設定してありますね。普通に考えれば、{user: user }のはずですが、キーと設定する変数名が同じ場合、このようにキーを省略することもできます。

<% %>で繰り返し表示

この<% %>は、ifのように構文を使って表示を作成する場合に多用されます。ifは条件によって表示を変更するようなときに用いられますが、同じ表示を繰り返し描くような場合には繰り返し構文を使うこともよくあります。これもサンプルを作ってみましょう。

リスト5-27 プロンプト

EJSの<% %>を利用したサンプルを作成してください。仕様は以下の通りです。

● 複数のユーザー情報を配列にまとめたものを用意する。
● <% %>を利用し、配列の内容をリスト表示する。

これで生成されたコードをGenerator用に修正したものを掲載していきましょう。まずは、テンプレートファイルです。「views」内のindex.ejsを以下に書き換えてください。

リスト5-28 応答

/views/index.ejsのソースコード

```
<!DOCTYPE html>
<html lang="ja">
<head>
  <meta charset="UTF-8">
  <meta name="viewport"
    content="width=device-width, initial-scale=1.0">
  <title>User List</title>
  <link rel="stylesheet" href="/stylesheets/style.css">
</head>
<body>
  <div class="container">
    <h1>User List</h1>
```

173

Chapter-5 | Express Generator で本格開発

```
    <ul>
      <!-- EJSの<% %>タグを使ってユーザーリストをループ -->
      <% users.forEach(user => { %>
        <li>
          <span class="user-name"><%= user.name %></span> -
          <!-- ステータスに応じて異なるスタイルを適用 -->
          <% if (user.status === 'active') { %>
            <span class="status active">Active</span>
          <% } else if (user.status === 'inactive') { %>
            <span class="status inactive">Inactive</span>
          <% } else if (user.status === 'suspended') { %>
            <span class="status suspended">Suspended</span>
          <% } %>
        </li>
      <% }) %>
    </ul>
  </div>
</body>
</html>
```

forEachによる繰り返し表示

ここでは、usersという値を使った表示を作成しています。このusersには、ユーザー情報が配列にまとめられて保管されています。ここから順に値を取り出して表示を作成していくのに、以下のようなやり方をしています。

```
<% users.forEach(user => { %>
  ※userの表示
<% }) %>
```

forEachというものを利用して繰り返しを作成しています。forEachは、前にも使ったことがありますが、配列から順に値を取り出して処理するものでしたね。

```
配列.forEach(arg => {
  ※繰り返す処理
});
```

こんな具合にして実行すると、配列から値を順に取り出し、コールバック関数の引数に渡して処理を実行しました。ここでも、取り出したユーザー情報のオブジェクトからstatusの値を調べ、ifで分岐しながら表示を作成しています。ifを利用した分岐処理は、先ほど行いましたからもうわかりますね。

EJSテンプレートエンジン | 5-2

CSSクラスの追加

では、「public」内の「stylesheets」フォルダーにあるstyle.cssを開いて、クラスを追記しましょう。以下のコードを末尾に付け加えてください。

リスト5-29 応答

/public/stylesheets/style.cssに追記する

```css
span.status {
  font-size: 18px;
  font-weight: bold;
}

span.status.active {
  color: green;
}

span.status.inactive {
  color: orange;
}

span.status.suspended {
  color: red;
}
```

ここでは、<span>にステータスごとのクラスを用意してあります。基本的なクラスの内容は、先ほど作成した<p>のステータス用スタイルとほぼ同じです。

index.jsのコードを修正

最後に、ルート設定のコードを書き換えます。「routes」フォルダー内のindex.jsを開き、以下のように内容を書き換えてください。

リスト5-30 応答

/routes/index.jsのソースコード

```js
var express = require('express');
var router = express.Router();

// ユーザーデータ
const users = [
```

175

```
  { name: 'Alice', status: 'active' },
  { name: 'Bob', status: 'inactive' },
  { name: 'Charlie', status: 'suspended' }
];

// ルートハンドラー
router.get('/', (req, res) => {
  res.render('index', { users });
});

module.exports = router;
```

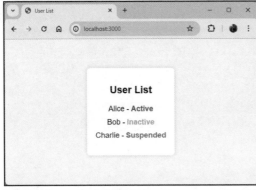

図5-11 アクセスすると各ユーザーのステータスが表示される。

　実行すると、各ユーザーのステータスがリスト表示されます。ここでは、usersという変数にユーザー情報を配列にしたものを用意しています。各ユーザーには、nameとstatusの値があります。statusの値ごとに表示スタイルが変わるのが確認できるでしょう。

　EJSは、このように<%= %>と<% %>の2つさえ覚えれば、さまざまなカスタマイズを行えるようになっています。シンプルでありながら、十分な機能を備えたテンプレートエンジンなのです。
　今回、いくつかサンプルを作ったので、それをいろいろとカスタマイズして、テンプレートの使い方を確実にマスターしておきましょう。

Chapter 5　Express Generatorで本格開発

5-3 ToDoアプリを作ろう
Section

サンプルアプリを作ろう

　これで、テンプレートを利用したExpressアプリの基本がだいたいわかりました。アプリを作るうえで必要な最低限の知識は身についたのですから、簡単なWebアプリならもう作れるはずです。

　では、サンプルとして「ToDo」のアプリを作ってみましょう。非常に単純なもので、ToDoのメモを送信するとそれを保管する、というだけのシンプルなものです。

　画面には、ToDoを送信するフォームがあり、その下に保管されているToDoがリスト表示されます。フォームにメッセージを書いてボタンを押せば、それがリストの末尾に追加されます。追加した項目は「Delete」リンクをクリックしていつでも削除できます。

図5-12　今回作成するToDoアプリ。やるべきことを投稿し、いつでも削除できる。

AIにプロンプトを送信する

　では、AIにコードを生成してもらいましょう。今回も、仕様をきちんと考えてプロンプトを送信します。

Chapter-5 | Express Generatorで本格開発

リスト5-31 プロンプト

Node.jsとExpressを使ったサンプルを考えてください。仕様は以下の通りです。

● フォームを利用して送信するもの。
● データなどはグローバル変数に保管する。
● ルート設定は2つまで。
● 生成するJavaScriptコードは、全部で50行以下にする。

これで、簡単なToDoアプリのコードが生成されます。ただし、Generator用ではないので、生成されたものを手直しして組み込む必要があります。

アプリのコードを作成する

では、生成コードを修正して完成したものを掲載しましょう。まずは、テンプレートファイルからです。「views」内のindex.ejsを開き、以下のように記述してください。

リスト5-32 応答

/views/index.ejsのソースコード

```html
<!DOCTYPE html>
<html lang="ja">
<head>
    <meta charset="UTF-8">
    <meta name="viewport"
      content="width=device-width, initial-scale=1.0">
    <title>To-Do List</title>
    <link rel="stylesheet" href="/stylesheets/style.css">
</head>
<body>
  <div class="container">
    <h1>To-Do List</h1>
    <form action="/add" method="POST" class="form">
      <input type="text" name="task"
        placeholder="Enter a task" required class="input">
      <button type="submit" class="button">
        Add Task</button>
    </form>
    <ul class="task-list">
      <% tasks.forEach((task, index) => { %>
        <li class="task-item">
```

178

ToDoアプリを作ろう | 5-3

```
            <span><%= index+1 %>. <%= task %></span>
            <a href="/delete/<%= index %>" class="delete-link">
              Delete</a>
          </li>
        <% }) %>
      </ul>
    </div>
  </body>
</html>
```

　ここでは、ToDoの追加用のフォームとして、<form>にaction="/add"
method="POST"と属性を指定したものが用意されています。これで、/addにPOST送
信して登録を行うようにしているのですね。

　また、登録されたToDoのリスト表示には、以下のようにしてforEachで表示処理を行っ
ています。

```
<% tasks.forEach((task, index) => { %>
  ※表示
<% }) %>
```

　コールバック関数には2つの引数がありますが、taskに取り出された値が、indexにイ
ンデックスがそれぞれ代入されます。これを元にToDoのリストを作成しています。各項目
には、以下のようにして削除のリンクを用意しています。

```
<a href="/delete/<%= index %>" class="delete-link">
```

　/delete/番号というパスに送信することで、指定のインデックスのToDoを削除するよ
うにしているのですね。単純ですが、最低限必要な機能は揃っているようです。

CSSクラスの追記

　では、ToDoのリスト用にスタイルシートを追記しましょう。「public」内の「stylesheets」
フォルダーにあるstyle.cssを開き、末尾に以下を追記してください。

リスト5-33 応答

/public/stylesheets/style.cssに追記する

```
.task-list {
    list-style: none;
```

179

Chapter-5 | Express Generator で本格開発

```
        padding: 0;
        margin: 20px 0 0;
    }

    .task-item {
        display: flex;
        justify-content: space-between;
        padding: 10px;
        border-bottom: 1px solid #ddd;
    }

    .task-item:last-child {
        border-bottom: none;
    }

    .delete-link {
        color: #e3342f;
        text-decoration: none;
        margin-left: 10px;
        font-weight: bold;
    }

    .delete-link:hover {
        color: #c82333;
    }
```

ここでは、task-listとtask-item、そしてdelete-linkといったクラスが定義されています。これでToDoのリストの表示を調整しています。

index.jsの作成

最後に、ルート設定を作成します。「routes」フォルダーのindex.jsを開き、以下のようにソースコードを書き換えてください。

リスト5-34 応答

/routes/index.jsのソースコード

```
var express = require('express');
var router = express.Router();

let tasks = []; // グローバル変数にタスクを保管
```

180

ToDoアプリを作ろう | 5-3

```javascript
// ホームルート
router.get('/', (req, res) => {
  res.render('index', { tasks: tasks }); // タスクを渡してテンプレートをレンダリング
});

// タスク追加ルート
router.post('/add', (req, res) => {
  tasks.push(req.body.task); // 新しいタスクを追加
  res.redirect('/');
});

// タスク削除ルート
router.get('/delete/:index', (req, res) => {
  const index = req.params.index;
  if (index >= 0 && index < tasks.length) {
    tasks.splice(index, 1); // 指定されたインデックスのタスクを削除
  }
  res.redirect('/');
});

module.exports = router;
```

　では、用意されたコードの内容を見ていきましょう。まずは、router.get('/', 〜のコール
バック関数です。ここでは、{ tasks: tasks }と値を渡してindexテンプレートをレンダ
リングしているだけです。特別なことは行っていないのでわかりますね。

タスクの追加

　ToDoのタスク追加は、router.post('/add', 〜のコールバック関数で行っています。こ
こでは、まず送信されたタスクデータをグローバル変数tasksに追加します。

```javascript
tasks.push(req.body.task);
```

そして、トップページにリダイレクトをします。

```javascript
res.redirect('/');
```

これで、ページがリロードされ、追加されたタスクも表示されるようになります。

181

Chapter-5 | Express Generator で本格開発

タスクの削除

ToDoのタスク削除は、router.get('/delete/:index', ～のコールバック関数で行っています。このgetでは、パスの指定が'/delete/:index'というようになっていますね。この「:index」は、パスのこの部分の値がindexというパラメータとして方されることを示します。例えば、/delete/1にアクセスしたなら、「1」がindexというパラメータとして渡されるわけです。

コールバック関数を見ると、以下のようにしてindexの値を取り出しているのがわかります。

```
const index = req.params.index;
```

このようにして渡されたパラメータは、Requestの「params」というところにまとめられます。その中のindexの値を取り出せば、'/delete/:index'の:indexの値が得られます。

ここでは、indexの値がゼロ以上tasksの要素数未満かどうかをチェックしています。

```
if (index >= 0 && index < tasks.length) { ...
```

この範囲内ならば、tasks配列から指定されたインデックスの値を削除します。これは配列のspliceメソッドを使います。

```
tasks.splice(index, 1);
```

spliceは、第1引数に指定した指定したインデックスから第2引数の数だけ要素を削除します。これで要素が削除できたら、Responseのredirectを呼び出してトップページに戻ります。

これで、タスクの表示・追加・削除といった機能がわかりました。配列を使ってデータを管理する場合、このように簡単にデータの追加や削除が行えます。

データをJSONファイルに保管する

これでToDoは完成しましたが、このプログラムには致命的な問題があります。それは、「サーバーを終了したらすべて消えてしまう」という点です。なにしろデータをグローバル変数に保管しているので、終了したらすべて失われてしまうのです。

サーバーを終了した後もデータを保持したいのであれば、データをファイルに保存するようにしないといけません。そこで、JSONファイルにデータを保存するようにプログラム

を改良してみましょう。

これも、AIに頼めば簡単に修正コードを作ってくれます。先ほどのToDoを作成したチャットの続きで、以下のようにプロンプトを送信してください。

リスト5-35 プロンプト
作成したサンプルで、データをJSONファイルに保存するように修正してください

これで、データをJSONファイルに保存する修正を作成してくれます。チャットを続けて行っていると、それまでのやり取りを覚えていて、それらを踏まえて応答をしてくれます。チャットを新しくしてしまうと前のやり取りは忘れてしまうので、このやり方はできません。注意しましょう。

tasks.jsonを用意する

まず行うのは、JSONファイルの用意です。VSCodeのエクスプローラーの上部にある「新しいファイル」アイコンをクリックし、「tasks.json」というファイルを作成してください。そしてこのファイルに、以下のコードを記述しておきます。

リスト5-36
```
[]
```

見ても何だかわからないかも知れませんが、これは「空の配列」です。デフォルトで、何もない配列を用意しておきます。

図5-13 プロジェクト内に「tasks.json」というファイルを作成する。

Chapter-5 | Express Generator で本格開発

index.jsを作成する

後は、ルート設定を修正するだけです。テンプレートやCSSは変更はありません。では「routes」内のindex.jsを開き、以下のように書き換えてください。

リスト5-37 応答

/routes/index.jsのソースコード

```javascript
var express = require('express');
var router = express.Router();
const fs = require('fs');

const dataFilePath = 'tasks.json';

// タスクをJSONファイルから読み込む関数
function loadTasks() {
  try {
    const data = fs.readFileSync(dataFilePath, 'utf8');
    return JSON.parse(data);
  } catch (err) {
    console.error('Error reading tasks.json:', err);
    return [];
  }
}

// タスクをJSONファイルに保存する関数
function saveTasks(tasks) {
  try {
    fs.writeFileSync(dataFilePath, JSON.stringify(tasks, null, 2));
  } catch (err) {
    console.error('Error writing to tasks.json:', err);
  }
}

let tasks = loadTasks(); // 初期起動時にタスクを読み込む

router.get('/', (req, res) => {
  res.render('index', { tasks: tasks });
});

router.post('/add', (req, res) => {
  tasks.push(req.body.task); // 新しいタスクを追加
  saveTasks(tasks); // タスクをファイルに保存
  res.redirect('/');
```

184

```
  });

  router.get('/delete/:index', (req, res) => {
    const index = req.params.index;
    if (index >= 0 && index < tasks.length) {
      tasks.splice(index, 1); // 指定されたインデックスのタスクを削除
      saveTasks(tasks); // タスクをファイルに保存
    }
    res.redirect('/');
  });

module.exports = router;
```

　これで完成です。実際にアプリを実行して動作を確認してみましょう。タスクをいくつか追加してtasks.jsonがどうなっているか見てみると、追加した項目が配列に保存されているのがわかります。

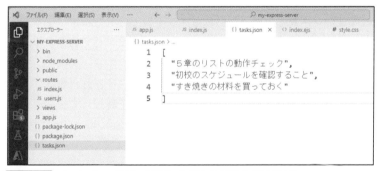

図5-14 tasks.jsonには、追加したタスクが保存されている。

タスクの読み込み

　ここでは、タスクの読み込みと保存を関数にして用意してあります。まずはタスクの読み込みから見てみましょう。これは、loadTasksという関数として用意されています。try内で、以下のようにしてファイルからコンテンツを読み込んでいます。

```
const data = fs.readFileSync(dataFilePath, 'utf8');
```

　これで、dataFilePathのファイルを読み込み、コンテンツをdataに代入します。これはただの文字列ですから、これをJSONフォーマットとしてパースし、オブジェクトとして取り出します。

Chapter-5 | Express Generatorで本格開発

```
return JSON.parse(data);
```

JSON.parseで、引数の文字列をJSONフォーマットのデータとしてパースし、JavaScriptのオブジェクトに変換します。このオブジェクトをreturnすることで、loadTasksを呼び出した側にはデータをオブジェクトにまとめたものが返されます。

データの保存

続いて、データの保存です。これは、saveTasksという関数として定義されています。ここでは、writeFileSyncを使って保存を行っています。

```
fs.writeFileSync(dataFilePath, JSON.stringify(tasks, null, 2));
```

writeFileSyncで同期処理でファイルへの保存を行っています。保存するコンテンツには、JSON.stringify(tasks, null, 2)と値が設定されていますね。

JSON.stringifyは、JavaScriptのオブジェクトをJSONフォーマットの文字列に変換するものです。第1引数にオブジェクトを指定します。第2引数には値をカスタマイズするリプレーサーと呼ばれる関数を用意し、第3引数にはインデントの幅を指定します。第2引数のリプレーサーは、内容をカスタマイズする必要がなければnullにしておきます。

これでデータの読み込みと保存ができました。後は、必要に応じてこれらを呼び出すだけです。ここでは、起動時にデータの読み込み(loadTasks関数)を実行してデータをtasksに読み込み、データの追加や削除を行うとその都度データの保存(saveTasks関数)を実行するようにしています。

応用：住所録を作る

基本的な流れがわかったら、これを元にカスタマイズして、さまざまなデータを保存し編集するプログラムを作ってみましょう。フォームで項目数を増やし、オブジェクトを保存するようにすれば、例えば住所録なども作成できます。

こうしたカスタマイズにも、AIは活用できます。試してみましょう。

リスト5-38 プロンプト

先ほど作成したTo-Doアプリのテンプレートとコードを修正して、名前・メールアドレス・電話番号を保管する住所録アプリを作ってください

これで、修正案のコードが生成されました。これを元に、Generatorのコードに合う形

に修正したものを作成します。

　まず、データを保管するJSONファイルを用意しておきましょう。プロジェクトのフォルダー内に、「contacts.json」という名前で新しいファイルを作成してください。そして、以下を記述しておきます。

リスト5-39

```
[]
```

　見ればわかるように、空の配列ですね。ここに登録した住所録データが保存されていきます。

図5-15　新たにcontacts.jsonを用意する。

テンプレートの作成

　では、テンプレートを作成しましょう。これは、新しいファイルとして用意してもいいのですが、トップページのindex.ejsをそのまま書き換えて使う形にしておきます。「views」内のindex.ejsを以下に修正してください。

リスト5-40 応答

/views/index.ejsのソースコード

```
<!DOCTYPE html>
<html lang="ja">
<head>
  <meta charset="UTF-8">
  <meta name="viewport"
    content="width=device-width, initial-scale=1.0">
```

Chapter-5 Express Generatorで本格開発

```html
      <title>Address Book</title>
      <link rel="stylesheet" href="/stylesheets/style.css">
  </head>
  <body>
    <div class="container">
      <h1>Address Book</h1>
      <div class="contents">
        <form action="/add-contact" method="post">
          <div class="form-group">
            <label for="name">Name:</label>
            <input type="text" id="name" name="name" required>
          </div>
          <div class="form-group">
            <label for="email">Email:</label>
            <input type="email" id="email" name="email" required>
          </div>
          <div class="form-group">
            <label for="phone">Phone:</label>
            <input type="text" id="phone" name="phone" required>
          </div>
          <button type="submit">Add Contact</button>
        </form>
        <ul class="contact-list">
        <% contacts.forEach(contact => { %>
          <li>
            <strong>Name:</strong> <%= contact.name %> <br>
            <strong>Email:</strong> <%= contact.email %> <br>
            <strong>Phone:</strong> <%= contact.phone %>
          </li>
        <% }) %>
        </ul>
      </div>
    </div>
  </body>
</html>
```

　あわせて、CSSクラスも追記しておきましょう。「public」内の「stylesheets」内から
style.cssを開き、以下を追記します。

ToDoアプリを作ろう | 5-3

リスト5-41 応答

/public/stylesheets/style.cssに追記

```css
.form-group {
    margin-bottom: 15px;
}

.contents {
  text-align:left;
  width: 300px;
}

label {
  display: block;
  margin-bottom: 5px;
}

input[type="text"], input[type="email"] {
  width: calc(100%);
  padding: 10px;
  border: 1px solid #ccc;
  border-radius: 4px;
  box-sizing: border-box;
}

.contact-list {
  list-style-type: none;
  padding: 0;
  margin-top: 20px;
}

.contact-list li {
  background: #f9f9f9;
  padding: 10px;
  border: 1px solid #ddd;
  border-radius: 4px;
  margin-bottom: 10px;

}

.contact-list li strong {
  display: inline-block;
  width: 60px;
}
```

Chapter-5 | Express Generatorで本格開発

ルート設定の修正

残るは、ルート設定です。「routes」内のindex.jsを開き、以下のようにコードを書き換えてください。

リスト5-42 応答

/routes/index.jsのソースコード

```javascript
var express = require('express');
var router = express.Router();
const fs = require('fs');

// ファイル名
const dataFilePath = 'contacts.json';

// 連絡先データを読み込む
let contacts = [];

function loadContacts() {
  try {
    const data = fs.readFileSync(dataFilePath, 'utf8');
    contacts = JSON.parse(data);
  } catch (err) {
    console.error('Error reading contacts.json', err);
    contacts = [];
  }
};

loadContacts();

function saveContacts() {
  fs.writeFile(dataFilePath, JSON.stringify(contacts, null, 2), (err) => {
    if (err) {
      console.error('Error writing to contacts.json', err);
    }
  });
}

// ルートハンドラー
router.get('/', (req, res) => {
  res.render('index', { contacts });
});

// 連絡先の追加処理
```

ToDoアプリを作ろう | 5-3

```javascript
router.post('/add-contact', (req, res) => {
  const newContact = {
    name: req.body.name,
    email: req.body.email,
    phone: req.body.phone
  };
  contacts.push(newContact);

  // 連絡先データを保存する
  saveContacts();

  res.redirect('/');
});

module.exports = router;
```

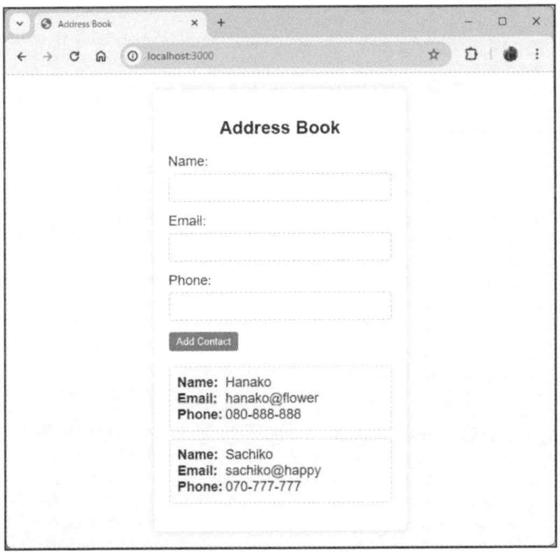

図5-16　ToDoをベースに作成した住所録アプリ。

　実行してアクセスすると、Name、Email、Phoneといった項目があるフォームが表示されます。これらに入力して送信すると、その下にデータが追加されます。ソースコードで行っていることは、これまで作ったものと大きく違ってはいませんから特に説明はしません。応用編ですので、それぞれでどうやっているのか考えてみてください。

　サンプルで生成されたコードは、データの追加だけで削除などが用意されていません。これを元に、さらに改良してみましょう。もちろん、コードの作成はAIを駆使して行ってください。どんなプロンプトを書けばうまく修正できるか、それを考えるのも学習の一環と考えましょう。

Chapter-5 | Express Generator で本格開発

AI生成コードはアレンジして使おう

この章では、実際にシンプルなアプリをAIに作成してもらいました。これらのコードはいずれもそのまま使えたわけではなく、生成されたコードをもとに筆者の方でアレンジしたものを掲載しています。

AIが生成するコードは、時には間違いを含んでいてそのままでは動作しないこともあります。また、ちゃんと動くものでも、そのまま利用できないこともあります。AIが生成するコードにはクセがあるのです。

AIは完全なアプリとして生成する

AIが生成するコードは、基本的にそれ単体で動くような形で作成されます。Expressのコードならば、Expressオブジェクトを作成してからlistenで待ち受けするまでのすべてを生成するのです。

今回のように、既にあるアプリの中にページとして追加したい、というような場合、うまくコードを生成できません。まぁ、できないわけではありませんが、そのためには現在のアプリの状況とどのように組み込むかを仕様として細かくプロンプトに書いて送る必要があります。試してみるとわかりますが、自分が現在作っているアプリにそのまま組み込めるコードを生成させるのは至難の業であることに気づくはずです。

それより、生成されたコードを自分のアプリに組み込む手順を理解し、手作業で組み込んだほうが実は圧倒的に簡単です。

ページ（ルート設定）単位の組み込みは簡単！

生成するアプリが1枚のWebページだけなら、組み込みはとても簡単です。以下の手順で作業すれば組み込むことができます。

●クライアント側はそのまま新しいファイルで用意

Webページは、そのまま「views」内にファイルとして配置します。クライアント側のJavaScriptも、「public」内の「javascripts」内にファイルとして配置します。CSSは、ファイルとして配置してもいいですし、既にあるCSSファイルに追記する形でも大丈夫でしょう。

●サーバー側の処理は新しいルート設定ファイルに用意

サーバー側のソースコードは、「routes」内に新しいルート設定のためのファイルを作成し、そこに記述します。生成されたコードは、おそらく1つのファイル（app.jsなど）の中でExpressオブジェクト（app変数）を作成して利用しているでしょう。その中にあるルー

ト設定の処理部分（app.getやapp.postの部分）をコピーし、新たに作ったルート設定ファイルにペーストして以下のように書き換えます。

修正前
```
app.get( ～
app.post( ～
```

↓

修正後
```
router.get( ～
router.post( ～
```

●必要なrequireとmodule.exportsを追記

コードをペーストしたルート設定のファイルの冒頭と末尾に以下のコードを追記しておきます。

冒頭に追記
```
var express = require('express');
var router = express.Router();
```

末尾に追記
```
module.exports = router;
```

●ルート設定ファイルを組み込む

新たに作成したルート設定ファイルを組み込むコードを、app.js内に以下のように追加します。○○には作成したルート設定ファイルの名前を指定します。

```
var ○○Router = require('./routes/○○');
app.use('/○○, ○○Router);
```

●その他のExpressコードをチェック

その他、生成されたサーバー側のソースコードで、app.jsに記述されていない処理があれば、app.jsに追記しておきます。require文、app.set文、app.use文を一通りチェックし、自アプリ側のapp.jsに記述が見当たらなければ追記してください。

| EJS以外にもいろいろある、テンプレートエンジン | Column |

Express Generatorでは、EJS以外のテンプレートエンジンも使うことができます。Express Generatorがサポートするテンプレートエンジンには以下のものがあります。

1. Pug（旧称Jade）
2. EJS
3. Hogan.js
4. Handlebars（hbs）

これらのテンプレートエンジンを指定してプロジェクトを生成するには、Express Generatorのコマンドを実行する際にオプションとして--viewにテンプレートエンジン名を指定します。

```
npx express-generator --view=エンジン名 ~
```

生成されたプロジェクトでは、app.jsにテンプレートエンジンの設定が以下のように追加されます。

```
app.set('view engine', 'エンジン名');
```

これにより、生成されたプロジェクトで指定されたテンプレートエンジンをすぐに使用できるようになります。

EJSはシンプルでビギナーには最適なテンプレートエンジンですが、もっと強力な機能を持ったものもExpressでは利用できます。興味の湧いた人はいろいろと調べてみて下さい。

Chapter 6

APIでWebアプリを作る

最近のWebアプリは、AjaxとAPIを組み合わせ、ページ遷移しないで動くような設計となっています。アプリの機能をAPIとして作成し、JavaScriptからAjaxでアクセスして動かす仕組みをしっかりと理解しましょう。

Chapter 6 APIでWebアプリを作る

6-1
Section

APIの基本

フォーム送信の問題点

前章で、Expressを利用した簡単なアプリを作ってみました。多くのアプリでは、ユーザーから何らかの情報を入力してもらい、それをサーバーに送って処理し、結果を表示します。これには通常、フォーム送信が利用されます。

前章のサンプルでもフォームを使ってデータを送信するようにしていました。このやり方はWebのもっとも基本的な方式です。が、最近ではこの「フォーム送信」が使われなくなりつつあります。

なぜ、フォーム送信を使わなくなっているのか。AIに聞いてみましょう。

リスト6-1 プロンプト

最近、フォーム送信を使わないところが増えています。これはなぜですか。フォーム送信の問題点を踏まえて回答してください。

リスト6-2 応答

フォーム送信を使わないところが増えている理由は、ユーザーエクスペリエンスとパフォーマンスの点で問題があるためです。

【フォーム送信の問題点】

● ページ全体が再描画されるため、ユーザーが入力した情報が失われる
● ページ遷移が発生するので、ページの読み込みに時間がかかる
● データ送信が同期的に行われるため、他の処理ができなくなる

従来のフォーム送信方式では、ユーザーがデータを入力するたびにページ全体が再描画され、入力内容が失われてしまうため、ユーザービリティが損なわれていました。こうしたことから、現在ではフォーム送信ではなく、Ajaxを利用するところが増えています。

もっとズラッと説明が出てきた人も多いでしょうが、基本的な問題点はこのようなことで

しょう。ページ遷移（別のページに移動する）により、ページの読み込みに時間がかかるし、ページ全体がリロードされるのでJavaScriptによる表示の操作や変数の値などがすべて失われてしまいます。

単純なWebアプリならまだしも、多数の変数を使ってページを操作しているような複雑なものでは、「ページ遷移によるページのリロード」が発生するのは極力避けたいのです。

フォーム送信からAjaxへ

では、フォーム送信を使わないところは、代わりにどのような技術を使ってデータのやり取りを行っているのでしょうか。これもAIに聞いてみましょう。

リスト6-3 プロンプト

では、フォーム送信の代わりにどのような方式が使われるようになっていますか。

リスト6-4 応答

最近ではフォーム送信を使わず、Ajaxを利用するところが増えています。理由は、ユーザーエクスペリエンスの向上とパフォーマンスの改善を図るためです。

【Ajaxの利点】
1. ページ全体の再描画が不要
   - Ajaxではページ全体をリフレッシュせずに、部分的な更新が可能
   - ユーザーが入力した情報が失われない
2. 高速なレスポンス
   - サーバーとのデータ送受信が非同期で行われるため、ページ全体の読み込みを待たずに済む
3. 軽量な通信
   - 必要最小限のデータのみを送受信するため、通信が軽量化される
4. リッチなユーザーエクスペリエンス
   - ページ遷移なしに画面UIを更新できるので、よりインタラクティブな体験が可能

一方、Ajaxではページ遷移なしにデータをやり取りできるため、スムーズでリッチなユーザーエクスペリエンスを実現でき、また通信の軽量化によるパフォーマンス向上も図れるのです。

Ajaxという技術を使えば、ページ遷移することなく、表示しているページそのままにサーバーとデータをやり取りできるようになるのですね。こうしたことから、最近ではAjaxを利用するケースが増えているのです。

Chapter-6 | APIでWebアプリを作る

Ajaxとは？

　では、このAjaxという技術は一体、どういうものでしょうか。Ajaxという言葉自体は、おそらくどこかで聞いたことがあるでしょう。しかし、具体的にどういうものなのか、よくわからないという人も多いはずですね。そこで、これもAIに質問してみます。

リスト6-5 プロンプト

Ajaxとはどういうもの？　使い方をわかりやすく説明して。

リスト6-6 応答

Ajaxとは、Asynchronous JavaScript and XMLの頭文字をとった用語で、Webブラウザ上で動作するJavaScriptを使って、ページ全体をリフレッシュせずにサーバーと非同期通信を行う技術のことです。

従来のWebサイトでは、フォームに入力してサブミットするとページ全体が再読み込みされていました。しかしAjaxを使うことで、JavaScriptからサーバーにデータを送受信し、受け取ったデータに基づいてページの一部分だけを更新することができるようになりました。

Ajaxを使う手順は以下の通りです。

1. XMLHttpRequestオブジェクトを生成する
……中略……

　以下、ずらっと具体的なコードまで出力されましたが、この辺で参照をやめておきましょう。Ajaxは「JavaScriptを利用してサーバーと非同期通信を行う技術」ということがわかりました。

　フォーム送信のようにページ全体を送るのでなく、JavaScriptのコードを使ってその場でサーバーにアクセスするため、ページをリロードしたり別のページに送信したりする必要がありません。Ajaxを使えば、フォーム送信の問題点を解決できることがわかります。

XMLHttpRequestは使わない！

　ただし！　Ajaxの具体的な使い方についてAIが出力した内容は、あまり良いものとはいえません。

　2024年7月の時点で、多くのAIチャットがAjaxの技術として回答したのは「XMLHttpRequestを利用する」というものでした。ChatGPT、Google Gemini、Anthropic Claude、Cohere Command+、Perplexityといった主なAIチャットで確認しましたが、すべてXMLHttpRequestというものを使って説明を行いました。質問をいろいろ変えるとそれ以外のものを併記するものもありましたが、「まずXMLHttpRequestをあげる」という点は一貫していました。

APIの基本 | 6-1

しかし、このXMLHttpRequestというものは、現在ではほとんど使われていません。代わりに「fetch API」が使われるようになっているのです。

fetch APIは、既に3章で使いましたね（3-2「ネットワークアクセス」参照、ただし使っているのはWebブラウザではなくNode.jsのfetch関数）。これはJavaScriptのPromiseに対応したモダン非同期技術を用いており、XMLHttpRequestよりも格段に扱いやすくスマートな処理が行えるようになっています。XMLHttpRequestのほうがfetch APIより古くからあるため、バージョンの古いブラウザなどではfetch APIに対応していないものもありますが、こうしたブラウザを使っている人は現在では稀だといっていいでしょう。

従って、皆さんがAjaxについて学ぶ場合、XMLHttpRequestではなく、fetch APIを選択すべきです。XMLHttpRequestについては、特に理由がない限り無視してかまいません。

fetch関数の基本

では、このfetch APIの使い方を見ていきましょう。fetch APIは、「fetch」という関数の形で用意されています。3章で使ったfetch関数は、同じfetchでも「Node.jsに用意されている、サーバー側で実行されているfetch」です。今回使うのは、「WebブラウザのJavaScriptに用意されているfetch」になります。

どちらも基本的な使い方は同じはずですが、復習も兼ねて、fetch関数の使い方をAIに尋ねてみましょう。

リスト6-7 プロンプト

`fetchを使ったAjaxについてわかりやすく説明して。`

リスト6-8 応答

`fetch` は最近のブラウザで標準的に実装されているAjax通信を行うための関数です。従来の
`XMLHttpRequest` オブジェクトに比べてより簡潔で扱いやすい API を提供しています。

`fetch` を使った基本的な使い方は以下の通りです。

```
fetch(url, options)
  .then(response => {
    // サーバーからの応答を処理
  })
  .catch(error => {
    // エラー処理
```

Chapter-6 | APIでWebアプリを作る

```
    });
```

1. `fetch` 関数に URL と必要に応じて `options` オブジェクト(メソッド、ヘッダー、本文データなど)を渡します。
2. `fetch` は `Promise` を返すので、`then` メソッドで応答(`Response` オブジェクト)を受け取ります。
3. `Response` オブジェクトの `text()` や `json()` メソッドでデータを取り出し、さらに `.then` で処理を続行できます。
4. エラー発生時は `catch` ブロックで処理できます。

　具体的なサンプルコードなども出力されましたが、とりあえずここまでにしましょう。fetch関数は、以下のような形で呼び出すことがわかりました。

```
fetch( アクセス先, オプション )
```

　第2引数のオプションは、サーバーと通信する際に必要な設定情報などをまとめたものでしたね。これでPromiseオブジェクトが返されます。具体的なアクセス後の処理は、Promiseにある「then」を使って行います。

```
《Promise》.then(response => {
    // サーバーからの応答を処理
  })
```

　thenのコールバック関数では、Responseオブジェクトが引数に渡されます。ここにある「text」や「json」メソッドを使って、取得したコンテンツを取り出します。

```
《Response》.text()
《Response》.json()
```

　これらのメソッドも非同期であり、Promiseを返します。従って、さらにthenで実行後の処理を用意します。

```
《Promise》.then(data=> {
    // 取得したデータを処理
})
```

　この他、例外発生時の処理を行うcatchなども用意できますが、とりあえずここまでの流れが頭に入っていれば、fetchの利用は行えるようになります。全体として、Node.jsに用意されているfetchとほぼ同じであることがわかります。

200

APIの基本 | 6-1

JSONデータを取得する

では、JSONを利用した簡単なサンプルを作ってみましょう。AIに以下のようにお願いしてみました。

リスト6-9 プロンプト

Expressで、fetchを利用してajaxファイルからデータを取得し表示するサンプルを作成して。

これで簡単なサンプルコードが生成されました。これもGeneratorのアプリにあわせて修正したものを掲載しておきます。この章でも、引き続き「my-express-server」プロジェクトを使っていくことにします。

まずは、ルート設定です。「routes」フォルダーからindex.jsを開き、以下のように書き直してください。

リスト6-10 応答

/routes/index.jsのソースコード

```
var express = require('express');
var router = express.Router();

// ルートハンドラー
router.get('/', (req, res) => {
  res.render('index');
});

module.exports = router;
```

ここでは、トップページにアクセスしたら'index'テンプレートをレンダリングして表示する、ということを行っているだけです。特に何の処理もないのですぐに理解できるでしょう。

テンプレートファイルを用意する

続いて、テンプレートファイルの修正です。「views」フォルダー内のindex.ejsを開き、以下のようにコードを修正してください。

201

Chapter-6 | APIでWebアプリを作る

リスト6-11 応答

/views/index.ejsのソースコード

```html
<!DOCTYPE html>
<html lang="ja">
<head>
  <meta charset="UTF-8">
  <meta name="viewport"
    content="width=device-width, initial-scale=1.0">
  <title>Ajax sample</title>
  <link rel="stylesheet" href="/stylesheets/style.css">
</head>
<body>
  <div class="container">
    <h1>Fetch JSON File Sample</h1>
    <div>
      <button id="fetchButton">Fetch Data</button>
    </div>
    <div id="result"></div>
  </div>
  <script src="/javascripts/script.js"></script>
</body>
</html>
```

　これは、ボタンが1つ用意されているだけの非常にシンプルなWebページです。このボタンをクリックして、サーバーからデータを取得しようというわけです。結果は、<div id="result"></div>に表示します。

　表示を整えるため、CSSも追記しておきましょう。「public」内の「stylesheets」フォルダー内にあるstyle.cssを開き、以下を追記してください。

リスト6-12 応答

/public/stylesheets/style.cssに追記

```css
div#result {
  text-align: left;
}
pre {
  border: #999 1px solid;
  padding: 10px;
}
```

202

これは、取得したデータを表示する<div id="result"></div>のスタイル設定です。

script.jsの作成

ようやく、Ajaxのプログラムの作成です。今回は、クライアント側で処理を実行しますから、そのためのJavaScriptファイルを用意します。

「public」フォルダーの中には「javascripts」というフォルダーも用意されていますね。これが、JavaScriptのファイルをまとめておくところです。VSCodeのエクスプローラーでこのフォルダーを選択し、「新しいファイル」アイコンをクリックしてファイルを作成しましょう。名前は「script.js」としておきます。

図6-1　「public」内の「javascripts」内に「script.js」を作成する。

ファイルを作成したら、これを開いてソースコードを記述します。script.jsに以下を記述してください。

リスト6-13 応答

/public/javascripts/script.jsのソースコード

```
document.getElementById('fetchButton').addEventListener('click', () => {
    // Fetch APIを使って静的なJSONファイルを取得
    fetch('/data.json')
        .then(response => response.json())
        .then(data => {
            // 取得したデータを表示
            const resultDiv = document.getElementById('result');
            resultDiv.innerHTML = '<pre>' + JSON.stringify(data, null, 2) +
```

```
      '</pre>';
    })
    .catch(error => {
      console.error('Error fetching data:', error);
      document.getElementById('result').innerText
        = 'Error fetching data. See console for details.';
    });
});
```

これでプログラムは完成です。コードの内容は後で説明するとして、先にプログラムを完成させましょう。

data.jsonの作成

最後に、Ajaxで読み込むJSONデータを用意します。「public」フォルダーにあるファイルは公開され直接アクセスができるので、ここにJSONファイルを作成することにします。

ではエクスプローラーで「public」フォルダーを選択し、「新しいファイル」アイコンで「data.json」というファイルを作成してください。

図6-2 「public」内に「data.json」を作成する。

このファイルは、拡張子でわかるようにJSONフォーマットでデータを記述します。では、サンプルとして以下のコードを記述しておきましょう。

リスト6-14 応答

/public/data.jsonのソースコード

```
{
  "name": "hanako",
```

```
    "email": "hanako@flower",
    "age": 34
}
```

動作を確認する

これでようやくプログラムは完成しました。では、実際に動かして動作を確認しましょう。ターミナルから「npm run debug」を実行してアプリケーションを起動し、Webブラウザからアクセスしてみてください。トップページにアクセスすると、「Fetch JSON File Sample」と表示されたページが現れます。ボタンが1つだけのシンプルなものですね。

図6-3　トップページの表示。ボタンが1つだけ用意されている。

このボタンをクリックすると、「public」フォルダーのdata.jsonにAjaxでアクセスし、その内容をボタンの下に表示します。非常に単純ですが、data.jsonのコンテンツをちゃんと取り出して表示していることがわかるでしょう。

図6-4　ボタンをクリックすると、data.jsonにアクセスして内容を表示する。

Chapter-6 | APIでWebアプリを作る

JavaScriptの処理を確認する

では、今回のコードを確認しましょう。ここでは、以下のような文が実行されています。途中のコールバック関数内を省略すると、実はこのように1文だけのコードだったのです。

```
document.getElementById('fetchButton').addEventListener('click', () => { 略 });
```

getElementByIdでid="fetchButton"のエレメントを取得し、そのaddEventListenerメソッドでclickイベントに処理を割り当てています。「addEventListener」というメソッドは、第1引数のイベントに第2引数の関数を割り当てるものです。

HTML（テンプレート）とJavaScriptコードを別のファイルに分ける場合、HTMLのボタンなどにonclickで別ファイルの関数を記述するのは今ひとつわかりにくくなってしまいます。それよりJavaScriptのコードを読み込んだら、そこでイベントの設定を行ったほうが理にかなっていますね。このようなときに用いられるのがaddEventListenerです。

fetch関数で行っていること

addEventListenerのコールバック関数では、fetchを使ってdata.jsonにアクセスをしています。この部分ですね。

```
fetch('/data.json')
  .then(response => response.json())
  .then(data => { ... });
```

fetch('/data.json')でdata.jsonにアクセスをし、データが取得できたらresponse.json()でJSONオブジェクトとして取得をします。これで、2つ目のthenのコールバック関数でオブジェクトが引数に渡されます。後は、このオブジェクトを使って表示を行うだけです。

```
const resultDiv = document.getElementById('result');
resultDiv.innerHTML = '<pre>' + JSON.stringify(data, null, 2) + '</pre>';
```

ここでは、JSON.stringifyを使って引数dataを文字列にして表示していますが、もちろんdata.nameやdata.emailの値を取り出して利用することもできます。JSONのデータは、オブジェクトとして取り出せさえすれば、後はどうにでもなるのですから。

206

Chapter 6　APIでWebアプリを作る

6-2
Section

APIを作成する

Ajax と API

　Ajaxを利用すれば、ページ遷移せず、リロードすることなくサーバーからデータを受け取り、表示を更新することができます。先ほどはJSONファイルを読み込んで利用しましたが、同じようにして普通のテキストファイルやXMLファイルなども取得することができます。

　けれど、「ファイルにアクセスしてデータを取り出す」というだけなら、やれることは割と単純です。もっと複雑なことを行わせたいなら、ファイルだけでなく、「プログラム」にもアクセスできないといけません。

　「プログラムにアクセスする」というと何だか難しそうですが、要するにAjaxでアクセスするルート設定を用意し、アクセスの状況に応じてさまざまな処理を行うようにするのです。こうすることで、より高度な操作ができるようになります。

APIの考え方

　このように、プログラム内からアクセスすることを前提で設計されるページ(ルート設定)は、一般に「API」と呼ばれます。APIは、通常のWebページのようにHTMLのコンテンツを出力しません。出力するのは、必要なデータをJSONやXMLなど利用しやすいフォーマットにしたものです。こうすることで、必要な情報だけを的確にやり取りできるようにします。

　このAPIは、Expressでも作成することができます。要するに「HTMLの代わりにJSONやXMLのデータを出力する」という違いがあるだけですから、通常のルート設定の作り方がわかっていれば簡単に作れるはずですね。

APIを作る

　では、実際に簡単なAPIを作ってみましょう。API自体は、通常のルート設定と同じように作成をします。ただ、これまで使ってきた「routes」フォルダーのindex.jsなどに追加し

207

ておくと、APIが増えたときに混乱しそうですね。そこで、API用のルート設定ファイルを新たに用意することにしましょう。

VSCodeのエクスプローラーで「routes」フォルダーを選択し、「新しいファイル」アイコンをクリックしてファイルを作成してください。名前は「api.js」としておきましょう。

図6-5 「routes」フォルダーに新しいファイルを追加する。

app.jsに追記する

作成したルート設定ファイルは、そのままでは使われません。app.jsに追記をして、Expressに組み込む必要があります。

では、app.jsを開き、ルート設定を追加しているapp.use文（app.use('/users', usersRouter);という文）の下に以下の文を追記してください。

リスト6-15
```
var apiRouter = require('./routes/api');
app.use('/api', apiRouter);
```

これで、「routes」フォルダーのapi.jsが'/api'というパスに割り当てられます。以後、/apiというパスにアクセスした際の処理は、すべてapi.jsで行うようになります。

サンプルコードを作成する

これでapi.jsが使えるようになりました。では、コードを作成しましょう。これもAIに簡単なサンプルコードを考えてもらいましょう。

APIを作成する | 6-2

リスト6-16 プロンプト

Expressでクエリパラメータで渡した名前をメッセージとして表示するAPIを作成してください。

これで簡単なコードを生成してもらいました。これを Generator 用に修正したものを掲載しておきます。では、api.jsに以下を記述してください。

リスト6-17 応答

/routes/api.jsのソースコード

```javascript
var express = require('express');
var router = express.Router();

// ルートハンドラー
router.get('/hello', (req, res) => {
  const name = req.query.name || 'noname';
  res.json({
    message: `Hello,${name}!`,
    timestamp: new Date()
  });
});

module.exports = router;
```

ごく簡単なルート設定ですね。req.query.nameの値を定数nameに取り出し、これを使ってJSONデータを作成しています。JSONデータの出力は、Responseにある「json」というメソッドで行えます。

《Response》.json(オブジェクト);

このように、引数にJavaScriptのオブジェクトを指定すると、それをJSONフォーマットのテキストに変換し、クライアント側に送信します。

テンプレートの修正

では、テンプレートファイルを修正しましょう。APIでは、nameというクエリパラメータを取り出して処理するようにしていますから、こちらもnameパラメータを付けてアクセスするように修正をします。

では、「views」フォルダーのindex.ejsを開き、<body>の部分を以下のように修正してください。

209

Chapter-6 | API で Web アプリを作る

リスト6-18 応答

/views/index.ejs の <body> を修正

```
<body>
  <div class="container">
    <h1>Fetch JSON File Sample</h1>
    <div>
      <input type="text" id="name" placeholder="your name"/>
    </div>
    <div>
      <button id="fetchButton">Fetch Data</button>
    </div>
    <div id="result"></div>
  </div>
  <script src="/javascripts/script.js"></script>
</body>
```

今回は、<input type="text"> を追加し、名前を入力できるようにしてあります。この値を取得して、API にアクセスすればいいでしょう。

ボタンクリックの処理を修正

では、Ajax 通信の処理を作成しましょう。「public」内の「javascripts」フォルダーにある「script.js」の内容を以下に書き換えてください。

リスト6-19 応答

/public/javascripts/script.js のソースコード

```
document.getElementById('fetchButton')
    .addEventListener('click', () => {
  const name = document.getElementById('name').value;
  fetch('/api/hello?name=' + name)
    .then(response => response.json())
    .then(data => {
      const resultDiv = document.getElementById('result');
      resultDiv.innerHTML = '<pre>' +
        JSON.stringify(data, null, 2) + '</pre>';
    })
    .catch(error => {
      console.error('Error fetching data:', error);
    });
});
```

図6-6　名前を書いてボタンクリックするとAPIからの応答が表示される。

　これで完成です。では、実際にトップページにアクセスして動作を確認しましょう。名前を入力するフィールドが追加されたので、ここに名前を記入してボタンを押します。すると、ボタンの下に「Hello, ○○!」とnameの値と現在の日時を示す値が表示されます。

　入力フィールドの名前を変更してボタンを押すと、表示が更新されます。/api/helloにアクセスするたびに返ってくるJSONデータが変化していることがわかるでしょう。

　ここでは、以下のようにしてfetchするアドレスを設定しています。

```
const name = document.getElementById('name').value;
fetch('/api/hello?name=' + name) ...
```

　id="name"の値を取得し、それをURLにつけて、/api/hello?name=○○というパスにfetchでアクセスをしています。これで、クエリパラメータでnameの値を送るようになります。後は、受け取った値をJSONオブジェクトとして受け取り、それをresultDivに表示する、という先ほどのサンプルと同じ処理を行っています。

　クエリパラメータを利用することで、必要な情報を簡単にAPIに送信し処理できることがわかりました。ちょっとした情報のやり取りならこれで十分でしょう。

async/awaitを利用する

　fetch関数はPromiseに対応しています。Promiseは、async/awaitを利用することで非同期処理が完了するまで待って実行させることが可能です。これには、awaitを使います。

```
変数 = await fetch( ... );
```

Chapter-6 | APIでWebアプリを作る

このように、awaitをつけて実行すると、fetchの実行が完了するまで待ってから、戻り値を返します。この値はPromiseではなく、Promiseにラップされた値本体になります。fetchならば、Responseオブジェクトが返されるわけです。

ただし、このawaitは、async関数内でしか使うことができません。従って、利用するには以下のようにする必要があります。

```
async function xxx() {
  let 変数 = await fetch( ... );
}

xxx();
```

あらかじめasync関数を定義し、その中でawait fetchを実行するようにしておくのです。そして定義した関数を呼び出して実行します。こうすることで、わかりにくいコールバック関数を書くこともなく、シンプルにAPIへのアクセスが行えるようになります。

awaitするように修正する

では、先ほど作成したscript.jsのコードを、awaitでfetchするように修正してみましょう。これも、AIにやってもらうことができます。script.jsのコードをペーストし、その後に以下のようにプロンプトを追記して実行します。

リスト6-20 プロンプト

これを、async/awaitでfetchするように修正してください。

これで、await fetchする形にコードを修正してくれます。生成されたコードは以下のようなものになりました。

リスト6-21 応答

/public/javascripts/script.jsのソースコード

```
// 非同期関数の定義
async function fetchData() {
  try {
    // 入力フィールドから名前を取得
    const name = document.getElementById('name').value;

    // fetchを使ってリクエストを送信
    const response = await fetch('/api/hello?name=' + name);
```

212

```
    // レスポンスをJSONとして取得
    const data = await response.json();

    // 結果を表示
    const resultDiv = document.getElementById('result');
    resultDiv.innerHTML = '<pre>' +
      JSON.stringify(data, null, 2) + '</pre>';
  } catch (error) {
    console.error('Error fetching data:', error);
  }
}

// ボタンのクリックイベントに非同期関数を追加
document.addEventListener('DOMContentLoaded', () => {
  document.getElementById('fetchButton')
    .addEventListener('click', fetchData);
});
```

　実際にscript.jsにこのコードを記述し、動作を確かめてみましょう。問題なくAPIにアクセスし、データを表示することができます。動作そのものは全く問題ないことが確認できるでしょう。

　今回のコードでは、fetchの実行は以下のように定義した関数の中で行っています。

```
async function fetchData() { ...
```

　そして、clickイベントを割り当てるaddEventListenerでは、このfetchDataを引数に指定して呼び出しています。これで、ボタンをクリックするとfetchData関数が実行されるようになります。

　この関数で、fetchを実行し、結果を取得する処理を見ると以下のようになっています。

```
// fetchを使ってリクエストを送信
const response = await fetch('/api/hello?name=' + name);

// レスポンスをJSONとして取得
const data = await response.json();
```

　たったこれだけで、APIにアクセスしてデータを取得しそれをJSONオブジェクトに変換して取り出す処理ができてしまいました。こちらのほうがずっとわかりやすいですね！

awaitすべきか否か？

こんなに使いやすいなら、全部このやり方でいいんじゃないか？　と思った人。確かに、このやり方はコードもコールバック関数がなくなり、わかりやすくなります。ただし、いい点ばかりではありません。

まず、awaitはasync関数内でしか使えない、という点を理解する必要があります。また、awaitは直列実行（順番に実行）となるため、非同期の利点である「同時並行して複数の処理が進む」ということが行えません。例えば複数のfetchを実行する場合、通常ならば同時に複数アクセスが行えますが、awaitすると1つずつ順番に実行することになってしまいます。またすべてが完了してから次に進むため、処理が完了するまでの間、待たなければいけません。

こうした点を考えたなら、awaitは「比較的簡単にやり取りできるAPIに1つだけアクセスする」というような場合には非常に有効です。が、「多量のデータなどでアクセスに時間がかかる」「同時に複数箇所にアクセスする」というような場合には向いていません。時と場合に応じて使い分けられるようになるとよいでしょう。

フォームを利用する

本格的にデータをやり取りするようになると、クエリパラメータによる方法はちょっと面倒になってくるかも知れません。いくつものデータを入力してサーバーに送るなら、フォームを利用するのがいちばんです。ただし、フォーム送信を使うのではなく、fetchを利用してフォームの内容を送るのです。

ここまでは、基本的にすべてGETアクセスしてデータを取得していました。GETは、HTTPで指定したアドレスにアクセスしてコンテンツを得るときの基本となるメソッドです。しかし、HTTPでは、GET以外にもさまざまなメソッドがあります。

よく知られているのはPOSTメソッドでしょう。通常のフォーム送信に用いられるのが、POSTメソッドです。fetchでフォームを送信するときも、このPOSTを利用するのが一般的です。

では、fetchでPOSTを使ってデータを送信するにはどうするのでしょうか。

POSTアクセスの方法

これには、fetchのオプションを利用します。先に、fetchにはさまざまなオプションが用意されていることをAIが説明していました。

```
fetch( アクセス先 , オプション );
```

APIを作成する | 6-2

　このような形ですね。このオプションには、必要な値をオブジェクトにまとめたものを用意します。

　オプションとして用意されている値はたくさんありますが、POST送信するには以下のようなものを用意する必要があるでしょう。

method	アクセスに使うHTTPメソッドです。この値を'POST'とすることで、POSTアクセスを行うようになります。
headers	ヘッダー情報です。これは送信するボディコンテンツの内容によりますが、例えばJSONデータなどを送るなら、コンテンツの種類を指定する'Content-Type'で'application/json'を指定しておきます。
body	ボディコンテンツです。POSTは、コンテンツを送信するのに多用されますが、そのような場合、送信するコンテンツをbodyに設定しておきます。

　以上をオブジェクトにまとめたものを用意し、それをfetchの引数に指定してアクセスを行うのですね。

　整理すると、POSTで何らかのデータを送信するには、以下のようにオプションを作成しておくことになるでしょう。

```
{
  method: 'POST',
  headers: {
    'Content-Type': 'application/json'
  },
  body: JSON.stringify( オブジェクト )
}
```

　これは、JSONでデータを送信する場合の記述です。Content-Typeにはapplication/jsonを指定し、bodyにはJSONデータの文字列を指定します。bodyは、オブジェクトではなく、必ず文字列として値を指定する必要があります。ですから、オブジェクトを作成しておき、それをJSON.stringifyで文字列に変換してbodyに指定するとよいでしょう。

POST送信を行ってみる

　では、実際にfetchでPOST送信を行うサンプルを作成してみましょう。ここまで使ってきたJSON Placeholderは、POST送信を受け取ることもできます。コードを修正し、データをPOST送信してみましょう。

　まずは、APIから修正します。「routes」内のapi.jsを開き、以下のように修正しましょう。

215

Chapter-6 | APIでWebアプリを作る

リスト6-22 /routes/api.js

```javascript
var express = require('express');
var router = express.Router();

var data = {
  name: 'noname',
  email: 'noemail',
  age: 0
}

// ルートハンドラー
router.get('/hello', (req, res) => {
  const name = req.query.name || 'noname';
  res.json(data);
});

router.post('/post', (req, res) => {
  const name = req.body.name || 'noname';
  const email = req.body.email || 'noemail';
  const age = req.body.age || 0;
  data = {
    message: 'posted',
    name: name,
    email: email,
    age: age
  };
  res.json(data);
});

module.exports = router;
```

　ここでは、dataというグローバル変数を用意し、これにname, email, ageといった情報を保管しています。そして/api/helloにアクセスしたらこのdataを送信するようにしてあります。

　POST送信用の処理は、router.post('/post', 〜のところで行っています。POSTアクセスは、postメソッドで設定しましたね。ここでは、まず送信されたボディコンテンツから各値を取り出しています。

```javascript
const name = req.body.name || 'noname';
const email = req.body.email || 'noemail';
const age = req.body.age || 0;
```

　ボディコンテンツ(req.body)からname, email, ageといった値を取り出して利用して

216

います。ということは、この/api/postにPOST送信する際は、これらの値をオブジェクトにまとめたJSONデータがボディコンテンツとして用意される必要がある、ということになります。

値を取り出したら、それらをオブジェクトにして変数dataに代入し、これをJSONデータとして出力します。

```
data = {
  message: 'posted',
  name: name,
  email: email,
  age: age
};
res.json(data);
```

messageでPOSTを受け付けたことを伝えるようにしました。今回は特に処理は行っていませんが、送信された値が正しく受け取れなかったような場合は、messageにエラー情報を渡すなどして使うことができるでしょう。

テンプレートの修正

では、テンプレート側の修正を行いましょう。「views」内のindex.ejsを開き、\<body>部分を以下のように書き換えてください。

リスト6-23 /views/index.ejsの\<body>を修正

```
<body>
  <div class="container">
    <h1>Fetch JSON File Sample</h1>
    <div>
      <input type="text" id="name" placeholder="your name"/>
    </div>
    <div>
      <input type="email" id="email" placeholder="your email"/>
    </div>
    <div>
      <input type="number" id="age" placeholder="your age"/>
    </div>
    <div>
      <button id="fetchButton">Fetch Data</button>
    </div>
    <div id="result"></div>
  </div>
  <script src="/javascripts/script.js"></script>
</body>
```

Chapter-6 | APIでWebアプリを作る

　今回は、name, email, age といった <input> を用意してあります。これらのデータを APIに送ります。

　なお、3つの <input> はそれぞれタイプが違うため、スタイルシートも少し修正しておきましょう。「public」内の「stylesheets」内にある style.css を開き、以下のクラスを探してください。

```
input[type="text"], input[type="email"]
```

　このクラス定義を以下のように修正しましょう。これですべての <input> のスタイルが揃って表示されるようになります。

リスト6-24 /public/stylesheets/style.cssのinput[type="text"], input[type="email"]を修正

```
input[type="text"],
input[type="email"],
input[type="number"] {
  width: calc(100%);
  padding: 10px;
  margin: 5px 0px;
  border: 1px solid #ccc;
  border-radius: 4px;
  box-sizing: border-box;
}
```

script.jsの作成

　さあ、ようやくJavaScriptのコードの作成まで来ました。「public」内の「javascripts」内にある script.js を以下のように書き換えましょう。

リスト6-25 /public/javascripts/script.jsのソースコード

```
document.getElementById('fetchButton')
    .addEventListener('click', () => {
  postHandler();
});

function fetchHandler() {
  fetch('/api/hello')
    .then(response => response.json())
    .then(data => {
      // 取得したデータを表示
      const resultDiv = document.getElementById('result');
      resultDiv.innerHTML = '<pre>' +
        JSON.stringify(data, null, 2) + '</pre>';
```

```
    })
    .catch(error => {
      console.error('Error fetching data:', error);
    });
}


function postHandler() {
  const name = document.getElementById('name').value;
  const email = document.getElementById('email').value;
  const age = document.getElementById('age').value;

  const options = {
    method: 'POST', // HTTPメソッドを指定
    headers: {
      'Content-Type': 'application/json' // リクエストヘッダーを指定
    },
    body: JSON.stringify({
      name: name,
      email: email,
      age: age
    }) // リクエストボディをJSON形式で指定
  };

  fetch('/api/post', options)
    .then(response => response.json())
    .then(data => {
      alert('posted!! ' + data.message);
      fetchHandler();
    })
    .catch(error => {
      console.error('Error fetching data:', error);
    });
}


fetchHandler();
```

図6-7　3つの入力フィールドがあるフォームが表示される。

完成したら、実際にアクセスしてみましょう。入力フィールドが3つあるフォームが表示されます。これらに値を入力して送信すると、アラートが表示され、保管されているデータが更新されます。

データはグローバル変数に入っているので、リロードしても保持されています。フォームから送信したデータがちゃんとサーバー側に保管されるのがわかるでしょう。

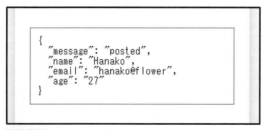

図6-8　ボタンをクリックし正常にデータが送れると「posted!!」とアラートが表示され、送信した情報が表示される。

APIを作成する | 6-2

コードの流れを説明する

では、全体の流れをAIに解説してもらいましょう。コードをペーストし、「このコードを説明して」と追記して送信すれば説明をしてくれます。今回は、postHandler関数のコードの説明をAIにしてもらいました。

リスト6-26 応答

このコードは、フォームの値を `JSON` 形式でサーバーに送信するための関数 `postHandler` を定義しています。コードの流れをステップごとに説明します。

詳細説明
1. フォームフィールドの値を取得:

```
const name = document.getElementById('name').value;
const email = document.getElementById('email').value;
const age = document.getElementById('age').value;
```

- `document.getElementById('name').value` などを使って、`<input>` フィールドの値を取得します。
- ここでは、名前、メールアドレス、および年齢を取得しています。

2. fetchのオプションを設定:

```
const options = {
  method: 'POST', // HTTPメソッドをPOSTに設定
  headers: {
    'Content-Type': 'application/json' // コンテンツタイプをJSONに設定
  },
  body: JSON.stringify({
    name: name,
    email: email,
    age: age
  }) // リクエストボディをJSON形式に変換
};
```

- `fetch` 関数で送信するリクエストのオプションを設定します。
- `method`:
- `POST` メソッドを使用して、データを送信することを指定します。
- `headers`:
- `Content-Type` ヘッダーを `application/json` に設定し、サーバーに対して送信するデータがJSON形式であることを示します。
- `body`:
- `JSON.stringify` を使って、取得したフォームフィールドの値をJSON文字列に変換し、リ

221

クエストボディとして設定します。

3. fetchを使ってデータを送信:

```
fetch('/api/post', options)
  .then(response => response.json()) // レスポンスをJSONとして解析
  .then(data => {
```

- `fetch('/api/post', options)`を使って、指定されたURL（`/api/post`）にPOSTリクエストを送信します。
- `options`オブジェクトには、先ほど設定したメソッド、ヘッダー、およびボディが含まれています。

4. 成功時の処理:

```
alert('posted!! ' + data.message); // データのメッセージをアラートで表示
fetchHandler(); // 追加の処理を呼び出し(詳細は不明)
```

- `response.json()`で、サーバーからのレスポンスをJSON形式に解析します。
- `then(data => { ... })`で、取得したデータに基づいた処理を実行します。
- `alert('posted!! ' + data.message)`:
- サーバーからのレスポンスに含まれる`message`をアラートとして表示します。
- `fetchHandler()`:
- これは、別の関数（`fetchHandler`）を呼び出す処理です。これが何をするのかはコードの文脈に依存しますが、データを再取得したり、ページを更新したりする処理が考えられます。

5. エラーハンドリング:

```
console.error('Error fetching data:', error); // コンソールにエラーを表示
```

- `catch(error => { ... })`で、`fetch`の実行中にエラーが発生した場合の処理を指定します。
- `console.error('Error fetching data:', error)`:
- コンソールにエラーメッセージを表示します。これは、`fetch`が失敗した理由をデバッグするのに役立ちます。

　いくつかに分割して流れを説明してくれました。既に使っている関数やメソッドはだいたい頭に入っているから、流れを追っていけばやっていることはわかってくるでしょう。
　送信時に、データをJSONの形にまとめてbodyに設定すれば、送るデータがいくつあってもまとめて送信できます。後は、API側でそれらを正しく取り出して処理できるようになっていればいいのです。
　重要なのは、送信するデータとAPIで取り出すデータが完全に合致している、ということ

APIを作成する | 6-2

です。やり取りするデータにどんな値があるのか、それぞれの値の名前（キー）と値のタイプ
をきちんと把握してつくるように心がけましょう。

XMLを利用する

これで、JSONデータを利用したAjax通信の基本はだいぶわかってきました。では、こ
こで「JSON以外のデータ」についても触れておくことにしましょう。

Webの世界では、データの配信にはJSON以外にも「XML」がよく利用されます。この
XMLの使い方について考えてみましょう。XMLデータはどうやって作成するのか。また受
け取ったXMLデータはどうやって処理するのか。そのあたりがわかれば、利用できるよう
になりますね。では、AIに質問してみましょう。

リスト6-27 プロンプト

XMLのテキストをJavaScriptで処理する方法を教えて。

あまりにシンプルで抽象的な質問なのでうまく答えてくれるかな？ と思いましたが、
XMLデータの処理の仕方を以下のように答えてくれました。

リスト6-28 応答

JavaScriptでXMLのテキストを処理する方法は、XMLのパースから特定のデータの抽出、さらには新しい
XMLを生成することまで、多岐にわたります。以下に、XMLのテキストをJavaScriptで処理する一般的な方
法を紹介します。

1. XMLテキストをJavaScriptでパースする
XMLの文字列をJavaScriptで処理可能なオブジェクトに変換するためには、`DOMParser`を使用します。

```javascript
// DOMParserを使用して文字列をXMLにパース
const parser = new DOMParser();
const xmlDoc = parser.parseFromString(xmlString, "application/xml");

// xmlDocはDocumentオブジェクトとしてXMLの構造を持つ
```

2. パースしたXMLからデータを抽出する
パースしたXMLデータを操作するには、DOM APIを使用します。

```javascript
// books要素内のすべてのbook要素を取得
const books = xmlDoc.getElementsByTagName('book');

// book要素のtitleとauthorを取得
for (let i = 0; i < books.length; i++) {
```

223

Chapter-6 | APIでWebアプリを作る

```
const title = books[i].getElementsByTagName('title')[0].textContent;
const author= books[i].getElementsByTagName('author')[0].textContent;
// 取得したtitleを表示
console.log(`Title: ${title}, Author: ${author}, Year: ${year}`);
}
```

XMLデータの作り方は特に説明がありませんし、具体的な具体的なコードの働きも詳しく説明されていませんでした。AIは、こんな具合にサンプルのコードを作成して「コードを見て自分で理解して」という応答をすることがよくあります。

これだけではよくわからないですね。もう少し詳しく説明しましょう。

DOMParserの用意

XMLデータの作成は後で触れるとして、XMLデータの処理について簡単に説明をしましょう。XMLを扱うには、まず「DOMParser」というオブジェクトを作成します。

```
変数 = new DOMParser();
```

このDOMParserは、WebブラウザのJavaScriptに用意されているオブジェクトです。これはXMLやHTMLのコンテンツをパースしてDOMツリーを生成します。

DOMツリーというのは、WebのJavaScriptで普段利用しているdocumentをベースにして各要素のエレメントが組み込まれているものですね。HTMLの場合、Webページが読み込まれると自動的にDOMツリーが生成されますが、XMLデータを扱う場合は、DOMParserを作って手動でDOMツリーを作成するのですね。

parseFromStringでXMLをパースする

では、DOMParserからどうやってDOMツリーを作るのか。これは「parseFromString」というメソッドを利用します。

```
変数 = 《DOMParser》.parseFromString( データ, "application/xml");
```

このparseFromStringは、第1引数の文字列データをパースしオブジェクトに変換します。第2引数には、DOMParserでサポートしているデータの種類を示す値を用意します。XMLの場合、"application/xml"と指定すればいいでしょう。

これで、XMLデータをパースして生成されたオブジェクトが返されます。このオブジェクトは、「Document」というものです。どこかで聞いたことがありますね？ そう、JavaScriptで、document.getElementById〜などで使われているdocumentと同じ種

APIを作成する | 6-2

類のオブジェクトなのです。

　HTMLのDOMツリーも、DOMParserでDocumentを生成して作られます。XMLも、データの種類は違いますが、使い方は同じなのです。

タグ名でエレメントを取得する

　ということは、生成されたDocumentから必要なエレメントを取得する方法もHTMLのDOMツリーを利用するときと同じやり方でいいのです。ただし、XMLの要素というのは、HTMLのようにIDやnameを設定していることはありません。そこで、タグ名を指定して取り出す方法がとられます。これには「getElementsByTagName」というメソッドを使います。

```
変数 = xmlDoc.getElementsByTagName( タグ名 );
```

　これで、指定したタグのエレメントがすべて取り出されます。戻り値は配列になっているので、ここから必要なエレメントを取り出し、そのtextContentを取得して利用すればいいのです。

XMLデータをAPIで利用する

　では、実際にXMLデータをAPI経由でやり取りしてみましょう。AIに簡単なサンプルを作成してもらいます。

リスト6-29 プロンプト

Expressで、XMLデータを返すAPIポイントのコードを作成してください。XMLの生成にはライブラリなどは使用しないでください。

　XMLデータの作成を質問すると各種のライブラリを使った例を返すことが多いので、ここではライブラリなどを使わずに作成してもらいました。生成されたコードは、例によってGeneratorのアプリにあわせて修正したものを掲載しておきます。

　まず、API側にXMLデータを出力するルート設定を追記します。「routes」内のapi.jsで、最後の module.exports = router; の手前に以下のコードを追記してください。

225

Chapter-6 | APIでWebアプリを作る

リスト6-30 応答

/routes/api.jsに追加

```
// XMLデータを生成する関数
const generateXmlData = (to,from,title,body) => {
  return `
    <note>
      <to>${to}</to>
      <from>${from}</from>
      <title>${title}</title>
      <body>${body}</body>
    </note>
  `;
};

// APIエンドポイントの作成
router.get('/xml', (req, res) => {
  const xmlData = generateXmlData('山田太郎', '山田花子',
    'こんにちは', 'これはサンプルのメッセージです。');

  // Content-Typeを設定してXMLデータを返す
  res.header('Content-Type', 'application/xml');
  res.send(xmlData);
});
```

　ここでは、generateXmlDataという定数にXMLデータのテンプレートリテラルを用意しています。値の部分に${}で変数などを埋め込めるようにしておきました。これを使ってXMLデータを生成しようというわけです。本格的にXMLのデータ生成を行うとなると専用のライブラリなどを利用する必要があるでしょうが、定型の比較的簡単なXMLデータなら、このようにテンプレートリテラルを使うだけで作れます。

　ここではサンプルとして、/xmlにアクセスするとXMLデータを出力するルート設定を用意しました。XMLデータの出力は、以下のように行います。

```
res.header('Content-Type', 'application/xml');
res.send(xmlData);
```

　Responseのheaderメソッドで、'Content-Type'のヘッダー情報として'application/xml'を設定しておきます。これで、送信されるコンテンツがXMLだと相手にわかります。そして、sendを使ってXMLデータを出力します。XMLデータはただのテキストですから、sendで送るだけでいいのです。

APIを作成する | 6-2

クライアント側のXML処理

続いて、XMLデータを受け取るクライアント側の処理です。「public」内の「javascripts」にあるscript.jsを開き、最後に実行していた fetchHandler(); を削除します。そして以下のコードを追記してください。

リスト6-31 応答

/public/javascripts/script.jsに追記

```javascript
function loadXMLData() {
  // fetchを使ってリクエストを送信
  fetch('/api/xml')
    .then(response => {
      if (!response.ok) {
        throw new Error(`HTTP error! status: ${response.status}`);
      }
      return response.text(); // レスポンスをテキストとして取得
    })
    .then(text => {
      // テキストをXMLとしてパース
      const parser = new DOMParser();
      const xmlDoc = parser.parseFromString(text, 'application/xml');

      // XMLからデータを抽出
      const to = xmlDoc.getElementsByTagName('to')[0].textContent;
      const from = xmlDoc.getElementsByTagName('from')[0].textContent;
      const title = xmlDoc.getElementsByTagName('title')[0].textContent;
      const body = xmlDoc.getElementsByTagName('body')[0].textContent;

      // メッセージを表示
      document.getElementById('result').innerHTML = `
        to: ${to}<br>
        from: ${from}<br>
        title: ${title}<br>
        body: ${body}<br>
      `;
    })
    .catch(error => {
      console.error('Error fetching data:', error);
      document.getElementById('result').textContent = 'Error fetching data';
    });
}

loadXMLData();
```

Chapter-6 | APIでWebアプリを作る

図6-9 下部にXMLデータの内容が表示される。

　これで、ページにアクセスするとloadXMLDataが実行され、APIからXMLデータを取得しその内容を表示するようになります。

　ここではfetchで取得したテキストを取り出し、DOMParserでDocumentを作成しています。そして、以下のようにしてXMLのデータを取り出しています。

```
const to = xmlDoc.getElementsByTagName('to')[0].textContent;
const from = xmlDoc.getElementsByTagName('from')[0].textContent;
const title = xmlDoc.getElementsByTagName('title')[0].textContent;
const body = xmlDoc.getElementsByTagName('body')[0].textContent;
```

　getElementsByTagNameを使い、'to', 'from', 'title', 'body' といったエレメントのtextContentを取り出していますね。これで、APIから送信されたXMLデータの<to>, <from>, <title>, <body> の各要素の値が取り出せます。getElementsByTagNameで得られる値は、指定したタグのエレメントの配列ですので、[0] で最初のものからtextContentを取り出すようにしています。

IDを指定して値を取得する

　このgetElementsByTagNameでタグの名前を使って取り出す方式は、あまりみなさんには馴染みがないでしょう。HTMLでエレメントを利用している場合、IDで値を取り出すのに慣れているはずです。このやり方も試してみましょう。

リスト6-32 プロンプト

先ほど生成したサンプルで、XMLの要素にIDを割り当てて値を取得するようにコードを修正してください。

228

API を作成する | 6-2

　まず、XMLデータを修正します。「routes」内のapi.jsを開き、定数generateXmlData
にXMLデータ作成の関数を割り当てているコードを以下のように修正します。

リスト6-33 応答

/routes/api.jsを修正

```
const generateXmlData = (to,from,title,body) => {
  return `
    <note>
      <to id="to">${to}</to>
      <from id="from">${from}</from>
      <title id="title">${title}</title>
      <body id="body">${body}</body>
    </note>
  `;
}
```

　これで、各要素にidが割り当てられました。続いて、XMLデータを取得する側も修正を
します。「public」内の「javascripts」にあるscript.jsを開き、loadXMLData関数を以下
のように修正します。

リスト6-34 応答

/routes/api.jsを修正

```
function loadXMLData() {
  // fetchを使ってリクエストを送信
  fetch('/api/xml')
    .then(response => {
      if (!response.ok) {
        throw new Error(`HTTP error! status: ${response.status}`);
      }
      return response.text(); // レスポンスをテキストとして取得
    })
    .then(text => {
      // テキストをXMLとしてパース
      const parser = new DOMParser();
      const xmlDoc = parser.parseFromString(text, 'application/xml');

      // XMLからデータを抽出
      const to = xmlDoc.getElementById('to').textContent;
      const from = xmlDoc.getElementById('from').textContent;
      const title = xmlDoc.getElementById('title').textContent;
```

229

Chapter-6 | APIでWebアプリを作る

```javascript
      const body = xmlDoc.getElementById('body').textContent;

      // メッセージを表示
      document.getElementById('result').innerHTML = `
        to: ${to}<br>
        from: ${from}<br>
        title: ${title}<br>
        body: ${body}<br>
      `;
    })
    .catch(error => {
      console.error('Error fetching data:', error);
      document.getElementById('result').textContent = 'Error fetching data';
    });
}
```

　これで、IDを利用してデータを取り出せるようになりました。実際にアプリを動かして、先ほどまでと同様にXMLデータが表示されるのを確認しておきましょう。XMLのデータを取り出している部分を見ると、以下のように変わっていますね。

```javascript
const to = xmlDoc.getElementById('to').textContent;
const from = xmlDoc.getElementById('from').textContent;
const title = xmlDoc.getElementById('title').textContent;
const body = xmlDoc.getElementById('body').textContent;
```

　すべて、おなじみのgetElementByIdを使うようになっています。これならXMLでもHTMLと同じ感覚で扱うことができますね。

　これで、XMLデータも扱えるようになりました！

Chapter 6　APIでWebアプリを作る

6-3 Section　Ajaxベースでアプリを作ろう

Ajax方式のToDoアプリ

　では、この章で学んだAjax技術を使ったアプリを作成してみましょう。前章で、簡単なアプリとしてToDoを作りましたね。あれを、Ajax利用の形に作り変えてみましょう。

　今回作成するアプリは、前章で作成したToDoと基本的には違いがありません。アクセスすると、ToDoを送信するフォームがあり、ここにタスクを書いてボタンを押せばそのタスクが追加されます。

　フォームの下には、保管されているToDoがリスト表示されます。各ToDoの項目には「Delete」ボタンが付いており、これをクリックすると項目を削除できます。

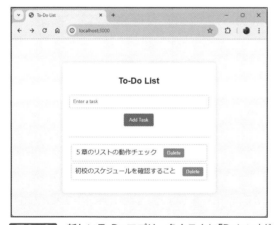

図6-10　新しいToDoアプリ。各タスクに「Delete」ボタンが追加されるようになった。

　先にToDoを作成したチャット履歴は残っていますか？ 多くのAIチャットは、履歴に残ったやり取りを記憶しています。既にやり取りしたチャット履歴があれば、それに再質問することでコードの修正などを行ってもらうことができるのです（チャットの履歴をクリアしたり新しくチャットを始めていると、この方法は使えません）。

リスト6-35 プロンプト

先ほど作成したToDoのプログラムを修正してください。仕様は以下の通りです。

- サーバー側にAPIとしてToDoのリストの送信、ToDoデータの追加のエンドポイントを用意する。
- クライアント側では、fetch関数を利用してToDoリストの取得、メッセージの送信を行う。
- フォームの送信は利用しない。

これで生成されたコードを元に、Generatorの本アプリにあわせてコードを修正して作成をしました。では、生成コードを元に、アプリを変更していきましょう。

まず、タスクデータのJSONファイルを初期化しておきます。今回は、JSONデータの構造が少し変わるので、前のデータが残っているとエラーの原因になります。tasks.jsonファイルを開き、[] と記述して空の配列に戻しておきましょう。

図6-11　tasks.jsonを空の配列にしておく。

APIを追加する

では、ToDoのデータを利用するためのAPIを作りましょう。「routes」内のapi.jsを開き、最下行の module.exports = router; の手前に以下のリストを追記してください。

リスト6-36 応答

/routes/api.jsに追加

```
const taskFilePath = 'tasks.json'; // JSONファイル名

let todos = []; // ToDoデータ
```

```javascript
// To-Doデータを読み込む
const loadTasks = () => {
  try {
    const data = fs.readFileSync(taskFilePath , 'utf8');
    todos = JSON.parse(data);
  } catch (err) {
    console.error('Error reading json file', err);
    todos = [];
  }
};
loadTasks();

// To-Doデータを保存する
const saveTasks = () => {
  fs.writeFile(taskFilePath, JSON.stringify(todos, null, 2), (err) => {
    if (err) {
      console.error('Error writing to todos.json', err);
    }
  });
};

// API: To-Doの取得
router.get('/todos', (req, res) => {
  res.json(todos);
});

// API: To-Doの追加
router.post('/todos', (req, res) => {
  const newTodo = {
    id: todos.length ? todos[todos.length - 1].id + 1 : 1,
    task: req.body.task
  };
  todos.push(newTodo);
  saveTasks();
  res.json(newTodo);
});

// API: To-Doの削除
router.delete('/todos/:id', (req, res) => {
  const id = parseInt(req.params.id, 10);
  todos = todos.filter(todo => todo.id !== id);
  saveTasks();
  res.status(204).send(); // 204 No Content
});
```

Chapter-6 | APIでWebアプリを作る

ここでは、loadTasksとsaveTasksでJSONファイルからデータを読み込んだり、ファイルに保存したりする処理を用意してあります。これらによりファイルからToDoデータを変数todosに取り出したり、変数todosからファイルに保存したりできるようになります。

JSONデータの構造

今回、利用するJSONデータは、前章とは少し違っています。前章では、tasks.jsonにはタスクのテキストが配列として保管されているだけでした。今回は、以下のようになっています。

```
[
  {
    "id": 1,
    "task": "最初のタスク"
  },
  {
    "id": 2,
    "task": "次のタスク"
  },
  ……以下、続く……
]
```

それぞれのタスクは、{"id":番号, "task": "タスクの内容"}という形のオブジェクトになっており、この配列が保管されています。このため、タスクの追加や、タスクの表示などはこれにあわせて修正する必要があるわけです。

テンプレートの修正

では、テンプレートファイルの修正を行いましょう。「views」内のindex.ejsを開き、<body>部分を以下のように書き換えてください。

リスト6-37 応答

/views/index.ejsの<body>を修正

```
<body>
  <div class="container">
    <h1>To-Do List</h1>
    <input type="text" id="task"
      placeholder="Enter a task" required class="input">
    <button type="submit" class="button" id="add-task">
      Add Task</button>
```

234

Ajaxベースでアプリを作ろう | 6-3

```
    <hr />
    <ul class="todo-list" id="todo-list"></ul>
  </div>
  <script src="/javascripts/script.js"></script>
</body>
```

続いて、CSSを追加します。「public」内の「stylesheets」内にあるstyle.cssファイルに
以下を追記してください。

リスト6-38 応答

/public/stylesheets/style.cssに追記

```
hr {
    margin: 20px 0;
    border: 0;
    border-top: 1px solid #ccc;
}

ul.todo-list {
    text-align: left;
    list-style-type: none;
    padding: 0;
    margin-top: 20px;
}

ul.todo-list li {
    border: #ccc 1px solid;
    margin: 5px;
    border-radius: 4px;
}
ul.todo-list span {
    margin: 10px;
}
ul.todo-list button {
    margin: 10px;
    padding:5px 10px;
    background-color: #ff7000;
    color: #fff;
}
```

235

Chapter-6 | APIでWebアプリを作る

JavaScriptを作成する

最後に、JavaScriptのコードを作成します。「public/」内の「javascripts」内にある
script.jsを開き、以下のように修正します。

リスト6-39 応答

/public/javascripts/script.jsを変更

```javascript
// エレメントを取得
const todoList = document.getElementById('todo-list');
const todoBtn = document.getElementById('add-task');
const newTodoInput = document.getElementById('task');

// To-Doリストを表示する関数
const renderTasks = (todos) => {
  todoList.innerHTML = '';
  todos.forEach(todo => {
    console.log(todo);
    const li = document.createElement('li');
    const span = document.createElement('span');
    span.textContent = todo.task;
    li.appendChild(span);
    const deleteButton = document.createElement('button');
    deleteButton.textContent = 'Delete';
    deleteButton.classList.add('delete');
    deleteButton.dataset.id = todo.id;
    // To-Doを削除
    deleteButton.addEventListener('click', async (event) => {
      const id = event.target.dataset.id;
      try {
        await fetch(`/api/todos/${id}`, { method: 'DELETE' });
        fetchTasks();
      } catch (error) {
        console.error('Error deleting todo:', error);
      }
    });
    li.appendChild(deleteButton);
    todoList.appendChild(li);
  });
};

// サーバーからTo-Doリストを取得
const fetchTasks = async () => {
    try {
```

236

```javascript
        const response = await fetch('/api/todos');
        const todos = await response.json();
        renderTasks(todos);
    } catch (error) {
        console.error('Error fetching todos:', error);
    }
};


// 新しいTo-Doをサーバーに追加
todoBtn.addEventListener('click', async (event) => {
  const newTask = newTodoInput.value.trim();
  if (newTask === '') return;

  try {
    const response = await fetch('/api/todos', {
      method: 'POST',
      headers: {
          'Content-Type': 'application/json'
      },
      body: JSON.stringify({ task: newTask })
    });
    newTodoInput.value = '';
    fetchTasks();
  } catch (error) {
      console.error('Error adding todo:', error);
  }
});

// 初期表示
fetchTasks();
```

　これでアプリケーションは完成です。実際にnpm run debugでアプリを動かして動作を確認してみましょう。

　ここでは、ToDoリストを表示するrenderTasks、ToDOデータをAPIから取得するfetchTasks、そしてボタンをクリックした際の処理を割り当てるtodoBtn.addEventListenerといったものが用意されています。簡単にやっていることをAIがまとめてくれたものを掲載しておきましょう。

Chapter-6 | APIでWebアプリを作る

リスト6-40 応答

To-Doリストを表示するrenderTasks関数

1. renderTasks 関数が todos 配列を受け取る。
2. todoList 要素の内容をクリアする。
3. todos 配列の各 todo アイテムについて、以下の処理を行う:
- 新しいリスト項目 (<li>) を作成。
- タスク名を表示する <span> 要素を作成し、todo.task を設定する。
- li 要素に <span> を追加。
- 削除ボタン (<button>) を作成し、'Delete' と設定。
- 削除ボタンに delete クラスを追加し、todo.id を data-id 属性として設定する。
- 削除ボタンにクリックイベントリスナーを追加:
- クリック時に、ボタンの data-id 属性から ID を取得する。
- 非同期に /api/todos/{id} に DELETE リクエストを送信し、タスクを削除する。
- 削除後に fetchTasks を呼び出して最新のTo-Doリストを取得する。
- 要素に削除ボタンを追加する。
- 要素を todoList に追加する。

サーバーからTo-Doリストを取得するfetchTasks関数

1. fetchTasks 関数が呼び出される。
2. 非同期に /api/todos から To-Do リストを取得。
3. レスポンスを JSON形式で解析し、todos配列を得る。
4. renderTasks 関数を呼び出し、todos を表示。

ToDoを追加するtodoBtn.addEventListener

1. todoBtn がクリックされると、イベントリスナーが呼び出される。
2. newTodoInput の値を取得し、前後の空白を削除する。
3. 新しいタスクが空でない場合のみ次の処理を続ける。
4. 非同期に /api/todos に POST リクエストを送信:
- リクエストヘッダーでContent-Type を application/jsonに設定する。
- リクエストボディに新しいタスクのJSONデータを送信する。
5. リクエストが成功すると、入力フィールドをクリアする。
6. fetchTasks を呼び出して最新のTo-Doリストを取得する。

　コードが長くなってくると、次第に何をやっているのかわかりにくくなってきます。特に、fetchのような非同期関数が出てくると、コールバック関数がいくつも登場してさらにわかりにくくなります。そこで、今回はAPIへのアクセスはawait fetchしてなるべくコールバック関数を使わないようにしました。少しは読みやすくなったのではないでしょうか。

ユーザーログイン機能を作ろう

　本格的なWebアプリを作ろうと思ったとき、必ずといっていいほど必要になるのが「ログイン機能」です。多くのサイトでは、ユーザーが名前とパスワードを入力してログインすると、アクセスしているのが誰か認識して表示や処理などが行われるようになります。
　このログイン機能を作ってみましょう。ログイン機能といっても、特別なものではありません。フォームでユーザー名とパスワードを送信するようなページを用意するだけです。

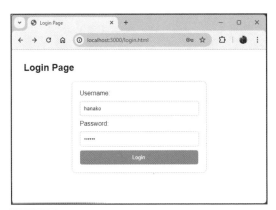

図6-12　ログインページ。名前とパスワードを入力して送信する。

　フォームを送信すると、その両方の値をチェックし、正しく入力されていればログインしたと判断します。とりあえず、ここではログインしたときとしてないときでそれぞれメッセージを表示するようにしておきました。ログイン機能を使うアプリを作成したら、そのときにコードを修正して両者をつなげるようにしましょう。

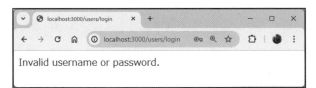

図6-13　ログインできたときとできないときでそれぞれ異なるメッセージが表示される。

Chapter-6 | APIでWebアプリを作る

AIに質問する

今回も、基本的なログインシステムの仕組みをAIに作ってもらいましょう。以下のようなプロンプトを用意しました。

リスト6-41 プロンプト

フォームからユーザー名とパスワードを入力してログインする仕組みを作成してください。仕様は以下の通りです。

- ユーザーとパスワードの情報は、users.jsonに保管する。
- ログインページは、login.htmlというファイルとして用意する。
- フォームを送信したら、送られたユーザー名とパスワードがJSONにあればログインしたとみなす。
- ログインしたら、ユーザー名をセッションに保管する。
- ログアウト機能も用意する。

今回も、かなり本格的なコードが生成されましたが、それをベースに、現在のGeneratorで作成しているプロジェクトに組み込む形に修正して掲載していきます。

ログインデータを用意する

では、実際に作成していきましょう。まずログインのデータを用意します。これはJSONファイルとして作成しておきましょう。アプリケーションのフォルダー内に「users.json」という名前でファイルを作成してください。そして、以下のように記述をします。

リスト6-42 応答

users.jsonのソースコード

```
{
  "taro": "yamada",
  "hanako": "flower",
  "sachiko": "happy"
}
```

非常に単純ですね。ログインするユーザー名をキーに、パスワードの値を設定しています。非常にシンプルなものですから、これをベースにそれぞれユーザーを追加して使ってください。

図6-14　アプリケーションのフォルダー内に「users.json」ファイルを作成する。

login.htmlを作成する

では、ログインページを用意しましょう。今回はテンプレートファイルではなく、普通のHTMLファイルとして用意しておきます。「public」フォルダーの中に、「login.html」という名前でファイルを作成してください。そして、以下のように記述をしましょう。

リスト6-43 応答

/public/login.htmlのソースコード

```html
<!DOCTYPE html>
<html lang="ja">
<head>
  <meta charset="UTF-8">
  <meta name="viewport"
    content="width=device-width, initial-scale=1.0">
  <title>Login Page</title>
  <link rel="stylesheet" href="/stylesheets/login_style.css">
</head>
<body>
  <h2>Login Page</h2>
  <form id="loginForm" action="/users/login" method="POST">
    <div>
      <label for="username">Username:</label>
      <input type="text" id="username" name="username" required>
    </div>
    <div>
```

Chapter-6 | APIでWebアプリを作る

```html
        <label for="password">Password:</label>
        <input type="password" id="password" name="password" required>
      </div>
      <button type="submit">Login</button>
    </form>
</body>
</html>
```

　ここでは、<form>の属性にaction="/users/login" method="POST"と指定をしています。これで、/usersのルート設定ファイル(users.js)に/loginというルート設定を用意してログインの処理を行えばいいことがわかります。

　では、表示を整えるスタイルシートも用意しましょう。今回は、専用のCSSファイルを用意します。「public」内の「stylesheets」の中に、「login_style.css」という名前でファイルを作成してください。そして以下のようにコードを記述しておきます。

リスト6-44 応答

/public/stylesheets/login_style.cssのソースコード

```css
body {
  font-family: Arial, sans-serif;
  margin: 30px;
}

form {
  max-width: 300px;
  margin: auto;
  padding: 20px;
  border: 1px solid #ccc;
  border-radius: 10px;
}
input {
  width: calc(100% - 20px);
  padding: 10px;
  margin: 10px 0;
  border: 1px solid #ccc;
  border-radius: 5px;
}
button {
  width: 100%;
  padding: 10px;
  background-color: #4CAF50;
```

242

```
  color: white;
  border: none;
  border-radius: 5px;
}
button:hover {
  background-color: #45a049;
}
.error {
  color: red;
}
```

express-sessionを利用する

　ログインは、ただログインするだけでなく、ログイン状態を持続する仕組みを考えておかないといけません。こうした処理は「セッション」と呼ばれるものを利用して行います。

　セッションは、クライアントとサーバーの間の持続した接続を実現するための仕組みです。クライアントがサーバーにアクセスすると、両者の接続を示すセッションが作成されます。このセッションには、さまざまなデータを保管できます。

　セッションには、接続したクライアントしかアクセスできません。セッションはクライアントごとに作成されるため、他のクライアントのセッション情報を見ることはできないのです。自分のセッションは、自分だけしか使えないのですね。

　このセッションは、Expressでは「express-session」というパッケージとして用意されています。これは、標準では組み込まれていないので、npmコマンドでインストールしましょう。VSCodeのターミナルから以下を実行してください。

```
npm install express-session
```

　これで、express-sessionが組み込まれました。後は、これをミドルウェアとしてアプリケーションで使えるようにするだけです。

app.jsにコードを追記する

　では、app.jsを開いてください。そして、express-session利用のためのコードを追記します。ただし、注意してほしいのは、追記する場所です。app.jsに記述されている、以下のコードの手前に追記をしてください。

Chapter-6 | APIでWebアプリを作る

```
app.use('/', indexRouter);
app.use('/users', usersRouter);
```

これより後に記述すると、そのルート設定でセッションが利用できなくなります。追記するコードは以下の通りです。

リスト6-45 応答

app.jsに追記する

```
const session = require('express-session');

// セッションの設定
app.use(session({
    secret: 'your_secret_key', // 秘密鍵
    resave: false,             // 強制的に保存するか
    saveUninitialized: false,  // 未初期化セッションを保存するか
    cookie: { maxAge: 60000 }  // クッキーの有効期限(ミリ秒)
}));
```

app.useで、express-sessionからインポートしたsession関数を実行した戻り値を組み込みます。このsessionでは、secretという値を用意しています。これは、セッションの秘密鍵となるもので、この値は必ずそれぞれで書き換えてください。ある程度の長さの文字列であれば、どんなものでも構いません。

セッションでログイン情報を保管する

では、ルート設定でログインの処理を作成しましょう。これは、「routes」内にデフォルトで用意されている「users.js」を利用します。このファイルを開き、以下のようにコードを記述してください。

リスト6-46 応答

/routes/users.jsのソースコード

```
var express = require('express');
var router = express.Router();
const fs = require('fs');

let userData = {};

// ユーザーデータの読み込み
```

244

```javascript
fs.readFile('users.json', 'utf8', (err, data) => {
  if (err) {
    console.error('Error reading user data:', err);
  } else {
    userData = JSON.parse(data);
  }
});

// ログイン用のエンドポイント
router.post('/login', (req, res) => {
  const { username, password } = req.body;

  // ユーザーが存在し、パスワードが一致するかを確認
  if (userData[username] && userData[username] === password) {
    console.log(req.session);
    // セッションにユーザー情報を保存
    req.session.user = { 'username': username };
    res.json({
      message: 'Login successful',
      username: req.session.user.username,
    });
  } else {
    res.status(401).send('Invalid username or password.');
  }
});

// ログアウト用のエンドポイント
router.post('/logout', (req, res) => {
  req.session.destroy(err => {
    if (err) {
      return res.status(500).send('Failed to logout.');
    }
    res.send('Logged out successfully!');
  });
});

module.exports = router;
```

Chapter-6 | APIでWebアプリを作る

セッションにユーザー情報を保管する

ここでは、router.post('/login', 〜のところで、ログインの処理を行っています。まず、送信された値をそれぞれ変数に取り出していますね。

```
const { username, password } = req.body;
```

これらをユーザー情報のデータを保管しているuserDataと比較します。

```
if (userData[username] && userData[username] === password) {
```

userData[username]に値が存在し、その値がpasswordと同じであればログインできたと判断できるわけですね。

ログインできたら、その情報をセッションに保管します。セッションは、Requestの「session」というところに保管されます。ここに、保管するキーを指定して値を代入します。

```
req.session.user = { 'username': username };
```

これで、セッションにuserという値が追加されます。今回はユーザー名だけ保管していますが、必要に応じて値を用意し追加すれば、それらもすべてセッションに保管できます。

後は、res.jsonでメッセージとログインしたユーザー名をJSONフォーマットで出力して作業完了です。

ログアウトの処理

ここでは、ログアウトの処理も用意しておきました。router.post('/logout', 〜のコールバック関数で以下のように行っていますね。

```
req.session.destroy(err => { ...
```

セッションが保管されるRequestのsessionから「destroy」というメソッドを呼び出しています。これで、保管されたセッションが破棄されます。今回は特に使っていませんが、ログアウトの処理を実装したいときは、この/users/logoutにPOST送信してください。

これでログインシステムが完成しました。実際にlogin.htmlにアクセスし、users.jsonに登録したユーザ名とパスワードでログインできるか試してみましょう。

246

メッセージボードを作ろう

ユーザーログインの機能が使えるようになったところで、それを利用したサンプルを作っておきましょう。ごく単純ですが、メッセージボードを作成してみます。

既にログインの処理はありますから、そのあたりを踏まえてAIにコードを作ってもらいましょう。

リスト6-47 プロンプト

セッションに保管されたユーザー名を使ってメッセージを投稿するメッセージボードを作ってください。仕様は以下の通りです。

- ログインページは既に作成済みなので不要。ログイン情報はセッションにusernameとして保管されている。
- ページは1枚だけ。投稿フォームと、その下にそれまでの投稿メッセージのリストが表示される。
- 投稿メッセージは、jsonファイルに新しいものから順に保存する。データは最大20個まで、それ以上になると古いものから消していく。
- 各投稿は、メッセージと投稿日時、投稿ユーザーの情報が表示される。

これで、簡単なメッセージボードが作成されました。面白いことに、筆者の環境ではメッセージの取得や追加はすべてAjaxを使って行うようなコードが作られました。おそらく、それまでfetchによるコード生成のプロンプトを何度も実行していたため、メッセージボードもそれにならって作られたのでしょう。最近のAIは、使えば使うほど、その人が望むものをより正確に把握するようになっています。すごいですね！

ここでは、今回作成されたメッセージボードに、先ほどのログイン機能を連携して動くように修正をしたものを掲載していきます。/boardにアクセスすると、ログインページにリダイレクトされます。ここでログインすると、/boardにアクセスできるようになります。

このページでは、メッセージを投稿するフォームと、既に投稿されたメッセージのリストが表示されます。メッセージは新しいものから20個が保存され、それより前のものは削除されるようになっています。

Chapter-6 | APIでWebアプリを作る

図6-15 /boardにアクセスすると、メッセージのフォームと投稿されたメッセージのリストが表示される。

messages.jsonの作成

では、作業をしていきましょう。まず最初に、メッセージを保管するファイルを作成しておきます。アプリケーション内に「messages.json」という名前でファイルを作成してください。そして以下のように記述しておきます。

リスト6-48

```
[]
```

見ればわかるように、空の配列ですね。これが初期値です。これから、投稿されたメッセージがここに追加されていくのですね。

app.jsにboard.jsを追加

今回は、/boardというパスにページを配置します。これにあわせて、board.jsというルート設定ファイルを作成しますので、app.jsにこれを登録する処理を書いておきましょう。先にAPIのルート設定を登録した記述(app.use('/api', apiRouter);)の後に、以下のコードを追加してください。

リスト6-49 app.jsに追加

```
var boardRouter = require('./routes/board');
app.use('/board', boardRouter);
```

これで、「routes」フォルダーのboard.jsが/boardに割り当てられるようになります。

248

Ajaxベースでアプリを作ろう | 6-3

board.jsの作成

では、ルート設定ファイルを作成しましょう。「routes」フォルダー内に、「board.js」という名前でファイルを作成してください。そして以下のコードを記述します。

リスト6-50 応答

/routes/board.jsのソースコード

```
var express = require('express');
var router = express.Router();
const fs = require('fs');
const path = require('path');

// メッセージデータファイル
const messagesFile = 'messages.json';

// ユーザーデータファイル
const usersFile = 'users.json';

// メッセージボード
router.get('/', (req, res) => {
  if (req.session.user) {
    res.render('board', {
      username: req.session.user.username
    });
  } else {
    res.redirect('/login.html');
  }
});

// メッセージを取得するAPIエンドポイント
router.get('/messages', (req, res) => {
  fs.readFile(messagesFile, 'utf8', (err, data) => {
    if (err) {
      return res.status(500).json({
        error: 'Failed to read messages'
      });
    }
    const messages = JSON.parse(data);
    res.json(messages);
  });
});

// メッセージを投稿するAPIエンドポイント
```

249

Chapter-6 | APIでWebアプリを作る

```javascript
router.post('/messages', (req, res) => {
  const { message } = req.body;
  const username = req.session.user.username;

  const newMessage = {
    username,
    message: message.trim(),
    timestamp: new Date().toISOString()
  };

  fs.readFile(messagesFile, 'utf8', (err, data) => {
    let messages = JSON.parse(data);
    messages.unshift(newMessage); // 新しいメッセージを先頭に追加

    if (messages.length > 20) {
      messages = messages.slice(0, 20); // メッセージの数を20個に制限
    }

    fs.writeFile(messagesFile,
        JSON.stringify(messages, null, 2),
        (err) => {
      if (err) {
        return res.status(500).json({
          error: 'Failed to save message'
        });
      }
      res.json(newMessage);
    });
  });
});

module.exports = router;
```

　ここでは、メッセージボードを表示するrouter.get('/', ～のルート設定の他に、メッセージのリスト取得と、メッセージの追加のためのルート設定も用意しています。これらはWebページではなく、APIとして機能するものですが、api.jsではなくboard.jsにまとめてあります。

　メッセージボードの表示は、単純にboard.ejsのテンプレートをレンダリングして返すだけですが、少し仕掛けをしてあります。

```javascript
if (req.session.user) {
  res.render('board', {
```

```
      username: req.session.user.username
    });
  } else {
    res.redirect('/login.html');
  }
```

req.session.userをチェックし、これがfalse（undefinedやnullなど）ならばlogin.htmlにリダイレクトしています。ログインしている場合に限り、board.ejsをレンダリングして表示するようになっています。このとき、セッションuserのusernameもテンプレート側に送っています。

長くてわかりにくいのは、router.post('/messages', 〜の部分でしょう。これは、メッセージの追加を行うものです。この部分が長くなっているのは、単に投稿されたデータを追加するだけでなく、ファイルアクセスも行っているからです。実行している処理を整理すると、このようになります。

1. message と username を取り出し、オブジェクトにまとめる。
2. fs.readFile で JSON ファイルを読み込む。
3. 読み込んだデータをパースしオブジェクトに変換する。
4. unshift で先頭にオブジェクトを追加する。
5. 最大20個までを取り出す。
6. fs.writeFile で JSON フォーマットに変換したデータを保存する。
7. エラーをチェックし、問題なければ追加したデータを JSON フォーマットで返送する。

readFile も writeFile も非同期であり、コールバック関数を使って処理を行っているため、非常にわかりにくくなってしまったのですね。awaitすればわかりやすくなりますが、ファイルアクセスは比較的時間のかかる処理なので、サーバー側で実行する場合はなるべく並行して処理が進められるようにしておきたいでしょう。

既に使ったことのあるものばかりですから、決して難解な処理をしているわけではありません。頑張って読んでください。

フロントエンドを作る

では、フロントエンド側を作りましょう。まず、テンプレートファイルです。「views」内に「board.ejs」というファイルを新たに作成してください。そして以下のように記述をします。

Chapter-6 | APIでWebアプリを作る

リスト6-51 応答

/views/board.ejsのソースコード

```html
<!DOCTYPE html>
<html lang="ja">
<head>
  <meta charset="UTF-8">
  <meta name="viewport"
    content="width=device-width, initial-scale=1.0">
  <title>Message Board</title>
  <link rel="stylesheet" href="/stylesheets/board_style.css">
</head>
<body>
  <h1>Message Board</h1>
  <h2>logined: [<%=username %>]</h2>
  <form id="messageForm">
    <input type="text" id="messageInput"
      placeholder="Enter your message" required>
    <button type="submit">Post Message</button>
  </form>
  <hr />
  <ul id="messages"></ul>
  <script src="/javascripts/board.js"></script>
</body>
</html>
```

メッセージの投稿は<form>を用意していますが、actionなどはありません。これは
JavaScriptで送信処理を行うためです。

テンプレートができたら、CSSファイルも用意しましょう。「public」内の「stylesheets」
内に「board_style.css」という名前でファイルを作成してください。そして以下のように記
述しておきます。

リスト6-52 応答

/public/stylesheets/board_style.cssのソースコード

```css
body {
  font-family: Arial, sans-serif; margin: 20px;
}
form { margin-bottom: 20px; }
input { min-width: 300px; }
input, button {
  padding: 10px; margin-right: 10px;
```

252

Ajaxベースでアプリを作ろう | 6-3

```
}
#messages {
  list-style-type: none; padding: 0;
}
.message {
  border: 1px solid #ddd;
  padding: 10px; margin-bottom: 10px;
}
.timestamp {
  color: #888; font-size: 0.9em;
}
```

board.jsを作成する

　最後に、フロントエンドで実行するJavaScriptファイルを作成します。「public」内の「javascripts」内に「board.js」という名前でファイルを作成しましょう。そして以下のようにコードを記述します。

リスト6-53 応答

/public/javascripts/board.jsのソースコード

```javascript
const messageForm = document.getElementById('messageForm');
const messageInput = document.getElementById('messageInput');
const messagesList = document.getElementById('messages');

// メッセージをサーバーから取得して表示
const fetchMessages = async () => {
  try {
    const response = await fetch('/board/messages');
    const messages = await response.json();
    messagesList.innerHTML = '';
    messages.forEach(message => {
      const li = document.createElement('li');
      li.classList.add('message');
      li.innerHTML = `<strong>${message.username}
        </strong>: ${message.message} <br>
        <span class="timestamp">
        ${new Date(message.timestamp)
          .toLocaleString()}</span>`;
      messagesList.appendChild(li);
    });
  } catch (error) {
```

253

Chapter-6 | APIでWebアプリを作る

```javascript
      console.error('Error fetching messages:', error);
    }
};

// 新しいメッセージをサーバーに投稿
messageForm.addEventListener('submit', async (event) => {
  event.preventDefault();
  const newMessage = messageInput.value.trim();
  if (newMessage === '') return;

  try {
    const response = await fetch('/board/messages', {
      method: 'POST',
      headers: {
        'Content-Type': 'application/json'
      },
      body: JSON.stringify({ message: newMessage })
    });

    if (response.ok) {
      messageInput.value = '';
      fetchMessages();
    } else {
      const errorData = await response.json();
      alert(`Error: ${errorData.error}`);
    }
  } catch (error) {
      console.error('Error posting message:', error);
  }
});

// ページ読み込み時にメッセージを取得
fetchMessages();
```

　メッセージを取得して表示するfetchMessages関数と、メッセージを投稿するためのボタンのclickイベント処理の2つが用意されています。どちらも、同じような処理は既に作ったことがありますから、じっくり読めばやっていることはだいたいわかるでしょう。

　これで、「ログインして投稿するメッセージボード」が完成しました。最後に、ログインしたらメッセージボードのページに移動するように、users.jsのrouter.post('/login', ~の処理を一部書き換えておくとよいでしょう。

修正前

```
res.json({
  message: 'Login successful',
  username: req.session.user.username,
});
```

↓

修正後

```
res.redirect('/board');
```

修正できたら、login.html にアクセスしてログインしてみて下さい。ログインするとメッセージボードの画面が表示されるようになります。

ログインシステムが使えるようになってくると、作成できるアプリの幅もぐっと広がってきます。どんな使い方ができるか、いろいろと考えてみると面白いでしょう。

Google ニュース表示ページを作ろう

この章では JSON の他に、XML データの利用についても説明をしました。最後に、XML データを扱うサンプルも作ってみることにしましょう。

XML データでもっともよく利用されているのは、RSS です。RSS は、サイトの更新情報などでよく利用されています。RSS の使い方がわかると、いろいろな情報を収集できるようになります。

今回は、RSS の利用例として、Google ニュースのトピック情報を取得し表示するものを作ってみます。Google ニュースのトピック配信は、以下の URL で公開されています。

https://news.google.com/rss?hl=ja&gl=JP&ceid=JP:ja

Chapter-6 | APIでWebアプリを作る

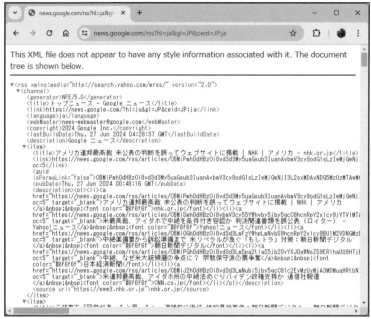

図6-16　GoogleニュースのRSS配信。

RSSデータの構造について

　このRSSデータは、どのような構造になっているのか、確認をしましょう。RSSは、<rss>内に<channel>という要素があり、その中に必要な情報がまとめられています。整理すると以下のようになっています。

●RSSのデータ

```
<rss xmlns:media="http://search.yahoo.com/mrss/" version="2.0">
  <channel>
    <generator>NFE/5.0</generator>
      <title>トップニュース - Google ニュース</title>
    <link>https://news.google.com/?hl=ja&gl=JP&ceid=JP:ja</link>
    <language>ja</language>
    <webMaster>news-webmaster@google.com</webMaster>
    <copyright>2024 Google Inc.</copyright>
    <lastBuildDate>Fri, 21 Jun 2024 06:07:43 GMT</lastBuildDate>
    <description>Google ニュース</description>

    <item> ～ </item>
    <item> ～ </item>
    ……略……
```

```
   <channel>
</rss>
```

この中の<item>というのが、配信されるコンテンツ情報になります。この<item>は、Googleニュースの場合、以下のような構造になっています。

```
<item>
   <title>タイトル</title>
   <link>https://news.google.com/rss/articles/リンク</link>
   <guid isPermaLink="false">GUID値</guid>
   <pubDate>日時の値</pubDate>
   <description>ディスクリプション</description>
   <source url="ソースアドレス">ソースアドレス</source>
</item>
```

この<item>から必要な情報を取り出して利用することができれば、RSSをプログラム内から利用することができるようになります。

AIにコードを生成してもらう

では、実際に作ってみましょう。今回も、AIに基本的なコードを生成してもらうことにします。プロンプトは以下のようにしました。

リスト6-54 プロンプト

Googleニュース日本語版のトピック情報を表示するWebページを作成してください。仕様は以下の通りです。

- トピック情報は、Googleニュース日本語版のRSS配信サイト（https://news.google.com/rss?hl=ja&gl=JP&ceid=JP:ja）を利用する。
- 表示するのは最初の5項目で、リストとしてまとめる。
- 各項目の冒頭にはソースとなるサイトへのリンクを付け、その後にタイトル、ソース、日時の情報を表示する。

これで生成されたソースコードをベースに、本アプリにあわせて修正していきます。今回は、トップページを書き換えてRSS表示ページに作り変えることにします。

ルート設定の修正

まず、トップページの表示を行うルート設定を修正しておきましょう。「routes」内のindex.jsを開き、router.get('/', 〜のメソッド部分が以下のようになっていることを確認しておきましょう。

Chapter-6 | APIでWebアプリを作る

リスト6-55 /routes/index.jsを修正

```
router.get('/', (req, res) => {
  res.render('index');
});
```

これで、トップページは単純にindex.ejsをレンダリングして表示するだけのシンプルなものになります。

Google ニュース RSS の API を作る

では、Googleニュースの RSS 配信サイトから RSS データを受け取る API を作成しましょう。「routes」フォルダー内の api.js を開き、以下のコードを追記してください。

リスト6-56 応答

/routes/api.jsに追記

```
// fsモジュールのロード
var fs = require('fs');

// ニュースの更新
let news = '';

// fetch関数でGoogleニュースから最新ニュースを取得する
function updateNews() {
  fetch('https://news.google.com/rss?hl=ja&gl=JP&ceid=JP:ja')
    .then(response => response.text())
    .then(xml => {
      news = xml;
      console.log(news);
    });
}

// API: Newsの取得
router.get('/news', (req, res) => {
  res.send(news);
});

updateNews();
setInterval(updateNews, 1000 * 60 * 15); // 15分ごとに更新する
```

ここでは、updateNewsという関数で、GoogleニュースのRSS配信サイトからコンテンツを取り出して、取得したコンテンツをグローバル変数newsに保管しています。

Ajaxベースでアプリを作ろう | 6-3

router.get('/news', ～では、取得したupdateNewsを引数にしてsendが呼び出されています。これで、取得したRSSデータをテキストのまま返すコードが用意できました。

テンプレートの修正

続いて、フロントエンドです。テンプレートファイルは、「views」内のindex.ejsを再利用します。このファイルを開き、<body>部分を以下のように修正してください。

リスト6-57 応答

/views/index.ejsの<body>を修正する

```
<body>
  <div class="container">
    <h1>Google Topics</h1>
    <ul class="news" id="news"></ul>
  </div>
  <script src="/javascripts/script.js"></script>
</body>
```

●CSS

あわせて、CSSクラスも用意しましょう。「public」内の「stylesheets」内にあるstyle.cssを開き、以下のCSSクラスを追記してください。

リスト6-58 応答

/public/stylesheets/style.cssに追加

```
ul.news li {
    border: #ccc 1px solid;
    margin: 5px 0px;
    padding: 0px;
    border-radius: 4px;
}

ul.news li p {
    text-align: left;
    margin: 0px;
    padding: 5px;
}

ul.news li p a {
    margin: 1px;
```

259

Chapter-6 | APIでWebアプリを作る

```
  padding:1px 5px;
  background-color: #0c0;
  color: #fff;
}
```

ニュースを表示するルート設定

さて、残るはクライアント側のJavaScriptコードです。既にアクセスするとニュースデータをXMLのテキストで返すルート設定は用意してあります。これにfetchでアクセスし、XMLデータを受け取って、それを元に表示を生成する処理を作ります。

「public」内の「javascripts」内にあるscript.jsを開いて、以下のコードを追記してください。なお、以前に記述してあったTo-Do関係のコード（todoBtn.addEventListener 〜 の文）は、既に必要ないので削除しておいて下さい。

リスト6-59 応答

/public/javascripts/script.jsに追記

```javascript
// ニュース取得
function loadNews() {
  // fetchを使ってリクエストを送信
  fetch('/api/news')
    .then(response => {
      if (!response.ok) {
        throw new Error(`HTTP error! status: ${response.status}`);
      }
      return response.text();
    })
    .then(text => {
      // newsエレメントを取得
      const news = document.getElementById('news');
      // テキストをXMLとしてパース
      const parser = new DOMParser();
      const xmlDoc = parser.parseFromString(text, 'application/xml');

      // XMLからデータを抽出
      const items = xmlDoc.getElementsByTagName('item');
      for(let i = 0;i < 5;i++) {
        const item = items[i];

        // タイトルを表示
        const title = item.getElementsByTagName('title')↵
```

```
          [0].textContent;
    const pubdate = item.getElementsByTagName('pubDate')
      [0].textContent;
    const source = item.getElementsByTagName('source')
      [0].textContent;
    const url = item.getElementsByTagName('source')
      [0].getAttribute('url');
    const li = document.createElement('li');
    const p = document.createElement('p');
    p.innerHTML = '<a href="' + url + '">' + source + '</a> ' +
      source + title + '(' + pubdate + ')</a>';
    li.appendChild(p);
    news.appendChild(li);
  }
})
.catch(error => {
  console.error('Error fetching data:', error);
  document.getElementById('result').textContent = 'Error fetching data';
});
}

loadNews();
```

　完成したら、実際にページにアクセスして表示を確認しましょう。ここでは、最大5つのニューストピックをまとめて表示します。ただ表示するだけのものですが、RSS利用の基本はこれで十分わかるでしょう。

図6-17　Googleニュースのトピックを表示する。

Chapter-6 | APIでWebアプリを作る

RSS処理の流れを整理する

ここでは、GoogleニュースRSSを取得するloadNews関数を定義しています。この中で、fetchでAPIからXMLデータを取得したら、DOMParserを作成し、そこからDocumentオブジェクトを取り出します。

```
const parser = new DOMParser();
const xmlDoc = parser.parseFromString(text, 'application/xml');
```

後は、この中から<item>の要素をすべて取り出し処理していくだけです。<item>要素のエレメントは、getElementsByTagNameを使って取り出せます。

```
const items = xmlDoc.getElementsByTagName('item');
```

ここから順にオブジェクトを取り出し処理していきますが、今回は最初の5つだけ表示するように繰り返しを調整しています。

```
for(let i = 0;i < 5;i++) {
  const item = items[i];
   ……itemから要素を取得し処理……
```

後は、取り出したitemからgetElementsByTagNameで必要なエレメントを取り出し、まとめていくだけです。DOMParserでXMLデータからDOMツリーを生成し、Documentオブジェクトを取り出せば、後はHTMLの操作等と同じ感覚で要素を処理していくことができます。

XMLは、主にコンテンツの配信に使われており、こちらからXMLデータを送信して処理するような使い方はあまりされません。「XMLを受け取って処理する」という基本がわかれば、十分使えるプログラムを作成できるでしょう。

262

Chapter 7

データベースを使おう

データベースは、データ管理の基本となる技術です。ここでは、SQLite3というデータベースを使い、データの保管、検索、更新、削除といった操作を行えるようになりましょう。APIとAjaxによるデータベースアクセスのやり方をここでしっかりマスターしてください。

Chapter 7 データベースを使おう

7-1
Section
SQLite3を利用しよう

SQLデータベースとSQLite3

本格的なWebアプリでは、多量のデータを扱うことが多いでしょう。ここまで、データの管理にはJSONファイルを利用してきました。これは非常に手軽に構造的なデータを扱えて便利ですが、しかし限界もあります。

例えば、保管するデータの数が数万～十数万となったとき、果たしてJSONファイルで管理できるでしょうか。データの読み書きだけならまだしも、検索やデータの並べ替え等まで行おうとすると、相当な負荷がかかります。処理に時間もかかりますし、Webアプリでは一度に多量のアクセスがあるような場合も考えておかないといけません。そうなると、とても「テキストファイルに読み書き」というやり方では扱いきれないでしょう。

このようなときのために、今からしっかりと覚えておきたいのが「データベース」なのです。

SQLデータベースとは？

データベースには、大きく2つの種類があります。「SQL」と「NoSQL」です。この2つは、一体どういうものでどんな違いがあるのでしょう。AIに聞いてみましょう。

リスト7-1 プロンプト

> SQLデータベースとNoSQLデータベースとはどんなものですか。それぞれの特徴と両者の違いを300文字前後にまとめて教えて。

リスト7-2 応答

> SQLデータベースは、データを表形式で管理し、行と列で構成されるリレーショナルデータベースです。固定されたスキーマで、SQLを用いて複雑なクエリや操作が可能です。データの整合性を保証するACID特性を持ち、銀行システムなど、データの正確さが重要な用途に適しています。
>
> 一方、NoSQLデータベースは、柔軟なスキーマで非構造化データを管理し、ドキュメント、キー－バリュー、カラムファミリ、グラフなど多様な形式をサポートします。水平スケーリングが容易で、大規模データ処理やリアルタイムアプリケーションに適しています。NoSQLは高い可用性を持ち、データの一貫性よりもスピードとスケーラビリティを重視します。

264

違い：

- 構造：SQLは表形式でリレーションを持ち、NoSQLはさまざまなデータモデルをサポート。
- スキーマ：SQLは固定スキーマ、NoSQLは柔軟なスキーマ。
- 整合性：SQLはACID特性で高い整合性を持ち、NoSQLはBASE特性で可用性とスケーラビリティを重視します。

簡単な例えでの理解

- SQLデータベースは、きっちりと整理された書類棚のようなものです。各引き出し（テーブル）にはラベル（スキーマ）が付いていて、何が入っているかがはっきりしています。
- NoSQLデータベースは、自由に物を詰め込める大きな箱のようなものです。箱の中に何が入っているかはその時々で違い、必要に応じて追加できます。

　詳しく説明はしてくれましたが、専門的な知識がないとわからないような説明も含んでいて、今ひとつピンとこなかったかも知れません。もう少し噛み砕いてまとめてみましょう。

●SQLデータベース

　SQLは「Structured Query Language」の略です。日本語なら「構造化クエリ言語」となるでしょう。SQLは、リレーショナルデータベースのために設計された、データ問い合わせ言語です。

　リレーショナルデータベースとは、さまざまなデータを関連付けることで複雑な構造のデータを表現できるようにしたものです。構造や関連性などを細かく指定してデータを利用できるため、それらを扱うための専用言語が用意されました。

　言語を使って問い合わせるため、高度な表現が可能ですが、それだけ扱いが難しいデータベースでもあります。しかしあらゆる用途に対応できることから、現在、データベースの主流となっています。

●NoSQLデータベース

　SQLを使わないデータベース全般を示します。SQLが非常に広く利用されているため、それ以外のデータベースは（データの構造や扱い方などが全く違うものも）すべてまとめてNoSQLと言われることが多いようです。

　SQLのような専用言語を使わないため、データの構造などは非常にシンプルなものしか作れません。またデータの問い合わせなども複雑なことは行うことができません。ただし、複雑な部分をすべて切り捨てているため、大量のデータを高速に処理することができます。

Chapter-7 | データベースを使おう

基本はSQL！

どちらもそれぞれに利点があるため、「どちらがいいか」は決められません。しかし、初めてデータベースを扱うビギナーが最初にどれを利用するか？ といえば、「SQLデータベース」でしょう。

SQLデータベースは、データベースの基本であり、必ず使うことになる技術です。確かに扱いが難しく、本格的に使い込むには相当苦労するでしょう。しかし、SQLの基本的な使い方を覚えるぐらいなら、そう大変ではありません。基本部分さえわかれば、SQLデータベースはある程度使えるようになるのです。

SQLite3について

SQLデータベースにはさまざまなものがありますが、ここでは「SQLite3」というものを利用します。

SQLデータベースは、多くが「データベースサーバー」という専用のサーバーを起動し、これにアクセスしてデータを利用します。これは、例えば自分でデータベースサーバーを用意して使うだけでなく、インターネット上にあるデータベースサービスなどを利用することもできます。本格的なデータベース利用を行うなら非常に強力で便利ですが、データベースサーバーの準備などやるべきことが多く、けっこう知識が必要です。

SQLite3は、データベースサーバーを使わず、データベースファイルに直接アクセスして動くプログラムです。このため、プログラムさえあればすぐにデータベースアクセスが可能になります。

Node.jsには、SQLite3利用のためのパッケージが用意されており、これを使うことで、すぐにSQLite3によるデータベースアクセスができるようになります。Node.jsでSQLデータベースを利用するなら、SQLite3を使うのがもっとも手軽なのです。

SQLite3を準備する

では、SQLite3を使う準備を整えましょう。ExpressでSQLite3を利用するにはどうすればいいか、AIに聞いてみましょう。

リスト7-3 プロンプト

```
ExpressでSQLite3を利用するには？
```

リスト7-4 応答

```
ExpressでSQLite3を利用するには、以下のステップを実行することで実現できます。これには、Node.jsと
npm (Node Package Manager)のインストールが前提となります。
```

266

SQLite3を利用しよう | 7-1

ステップ1: プロジェクトの初期化

······略······

ズラッとコード類も出力されたのですが、プロジェクトの初期化はもうわかっているので省略します。具体的なインストール作業は以下のように出力されました。

リスト7-5 応答

ステップ2: 必要なパッケージのインストール
1. Expressのインストール:

```
npm install express
```

2. SQLite3のインストール:

```
npm install sqlite3
```

3. SQLite3をPromiseベースで使うための`sqlite`をインストール:

```
npm install sqlite
```

Expressのインストールは既にやっていますからいいでしょう。では、前章まで利用したプロジェクト(「my-express-server」プロジェクト)にSQLite3のためのパッケージをインストールします。VSCodeのターミナルから以下を実行してください。

```
npm install sqlite3
npm install sqlite
```

これでアプリケーションからSQLite3が使えるようになります。意外と簡単に準備できるんですね!

データベースの初期化

では、データベースを利用するコードを作成しましょう。AIに質問したときには、データベースとテーブルの初期化を行うコードを一度に生成してくれました。これを見てみましょう。

267

Chapter-7 | データベースを使おう

リスト7-6 応答

ステップ3: データベースとテーブルの初期化

データベースファイルを作成し、必要なテーブルを初期化するスクリプトを作成します。

```javascript
const sqlite3 = require('sqlite3');
const { open } = require('sqlite');

async function initializeDB() {
  // データベースの接続
  const db = await open({
    filename: 'database.db',
    driver: sqlite3.Database
  });

  // テーブルの作成
  await db.exec(`
    CREATE TABLE IF NOT EXISTS my_table (
      id INTEGER PRIMARY KEY AUTOINCREMENT,
      name TEXT NOT NULL,
      email TEXT,
      age INTEGER
    );
  `);

  await seed(db); // データのシード
  await db.close();
}

async function seed(db) {
  // シードデータ
  const seedData = [
    { name: 'Alice', email: 'alice@wonderland', age: 24 },
    { name: 'Bob', email: 'bob@dylan', age: 36 },
    { name: 'Charlie', email: 'charlie@angel', age: 48 },
  ];

  // シードデータの挿入
  for (const data of seedData) {
    await db.run('INSERT INTO my_table (name,email,age) VALUES (?,?,?)',
      [data.name, data.email, data.age]);
  }
}

initializeDB().then(() => {
```

268

```
    console.log('Database initialized');
}).catch((err) => {
    console.error('Error initializing database:', err);
});
```

　いきなりコードがでてきて面食らったかも知れませんが、AIはこういう「コードを見て理解して」という応答をすることがよくあります。内容は後で説明するとして、まずは実際にコードを動かしてみましょう。

　プロジェクトのフォルダー内に「initializeDB.js」という名前でファイルを作成してください。そして、このファイルにAIが出力したソースコードを記述します。すべて記述し終えたら、ターミナルから以下を実行してください。

```
node initializeDB.js
```

　これで、ターミナルに「Database initialized」と表示されてプログラムが終了したら、データベースの初期化は完了です。もうデータベースを利用できるようになっています。

図7-1 node initializeDB.jsを実行する。

データベースファイルの用意

　ここでは、initializeDBという非同期関数でデータベースアクセスの処理を用意しています。では、どのように作業をしていくのか整理してみましょう。

●1. パッケージのインポート

　まず最初に行うのは、SQLite3利用のためのパッケージのインポートです。これは以下の2文を用意します。

```
const sqlite3 = require('sqlite3');
const { open } = require('sqlite');
```

　SQLite3を利用するには、require('sqlite3')でsqlite3モジュールを、またrequire('sqlite')でopen関数をそれぞれインポートします。

Chapter-7 | データベースを使おう

●2. データベースの接続

データベースの接続は、sqlite3パッケージからインポートしたopen関数で行います。これは、以下のように実行します。

```
変数 = await open({
  filename: ファイルパス,
  driver: sqlite3.Database
});
```

openでは、引数にデータベースファイルのパスを示すfilenameと、データベースにアクセスするのに使うドライバプログラムを示すdriverをそれぞれ用意します。driverは、必ずsqlite3.Databaseを使うと考えてください。filenameは、ここでは「database.db」というファイルにしています。

このopen関数は、指定したファイルにアクセスする「Database」というオブジェクトを生成します。このオブジェクトの中に、データベースにアクセスするための機能が一通り用意されています。

openは非同期関数であるため、ここではawaitして戻り値を変数に取り出しています。awaitを使わない場合は、open(...).then(引数 => ...)というように返されたPromiseからthenを呼び出して処理することもできます。この場合、Databaseオブジェクトは、thenに用意されるコールバック関数の引数として渡されます。

▌作成されたデータベースファイル

では、コードを実行してデータベースファイルが作成されていることを確認しましょう。VSCodeのエクスプローラーを見ると、プロジェクト内に「database.db」というファイルが追加されていることに気がつきます。これが、作成されたデータベースファイルです。

これは特殊なフォーマットのファイルなので、開いても中を確認することはできません(専用のツールを使えば中を見ることができます。これについては後ほど説明します)。

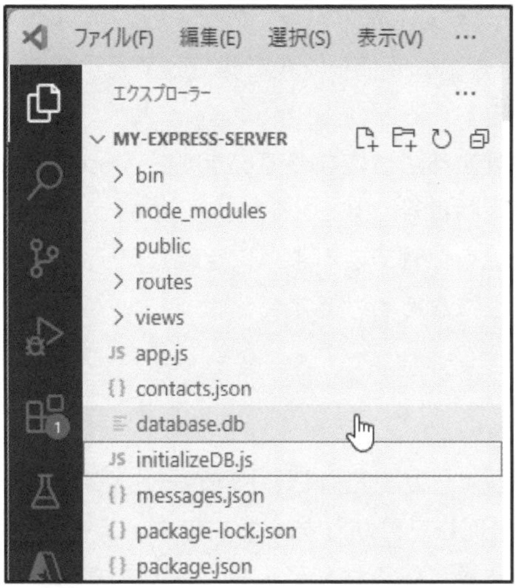

SQLite3を利用しよう | 7-1

図7-2 プロジェクト内に「database.db」というファイルが追加されている。

テーブルについて

データベースに接続したら、まず最初にやるべきことは何か。それは「テーブルの用意」です。SQLデータベースというのは、データベースの中に適当にデータを放り込んでおけばいいわけではありません。あらかじめ「こういう形のデータ」というように保管するデータの内容を定義したものを用意しておき、それに従ってデータを管理するようになっています。このデータの定義をしたものが「テーブル」です。

では、このテーブルとはどういうものなんでしょうか。AIに質問してみます。

リスト7-7 プロンプト

SQLデータベースのテーブルとはどういうものか、300文字程度にまとめて説明して

リスト7-8 応答

SQLデータベースのテーブルは、データを表形式で整理して保存するための基本単位です。行(レコード)と列(フィールド)から構成され、各行は個々のデータを、各列は特定のデータ属性を表します。例えば、社員情報を管理するテーブルには、`EmployeeID`、`Name`、`Position` などの列があり、各行に社員の詳細が保存されます。テーブルは固定スキーマを持ち、データの整合性と一貫性を保ちながら、SQLを使用して効率的にデータを操作できます。

こちらも、よくわからない専門用語が出てきて今ひとつわかりにくいですね。要するに、テーブルというのは「データを保存するための基本となる入れ物」ということですね。

271

Chapter-7 | データベースを使おう

　　SQLデータベースでは、まずテーブルを定義し、作成します。そしてこのテーブルの中に、データを保管していくのです。データの検索などもすべてテーブルを指定して行います。テーブルは、データを扱う際の基本となるものなのです。

　　このテーブルは、いくつかの値をまとめて保管するようになっています。例えば住所録をデータベースで管理したいなら、名前、住所、電話番号、メールアドレスといった情報をまとめて保管したいでしょう。そこで、これらの値を保管できるように定義したテーブルを定義すると、これらの値をまとめて保管できるようになるわけです。

テーブル作成のステートメント

　　では、テーブルの作成はどのように行うのでしょうか。これは、「ステートメント」というものを実行して行います。ステートメントは、SQLで書かれた命令文です。データベースを操作するときは、実行するステートメントを作成し、これをデータベースに送るのです。

　　テーブルの作成は、以下のようなステートメントを実行します。

```
CREATE TABLE テーブル名 ( 値の定義 )
```

　　()内には、テーブルに用意する値をコンマで区切って記述していきます。値は、名前とタイプで定義します。例えば「x INTEGER」とすれば、整数を保管するxという名前の項目を定義する、ということになります。

　　では、先ほどAIが生成したサンプルコードで実行しているステートメントがどんなものか見てみましょう。

リスト7-9

```
CREATE TABLE IF NOT EXISTS my_table (
  id INTEGER PRIMARY KEY AUTOINCREMENT,
  name TEXT NOT NULL,
  email TEXT,
  age INTEGER
)
```

　　このようなものが実行されていました。あちこちに、名前やタイプ以外のものも見えますが、これらは情報を補足するオプションです。ざっと整理しておきましょう。

```
CREATE TABLE IF NOT EXISTS my_table
```

　　my_tableというテーブルを作成します。IF NOT EXISTSというのは、my_tableというテーブルがない場合に実行するためのオプションです。既にmy_tableがある場合は実行しません。

272

SQLite3を利用しよう | **7-1**

```
id INTEGER PRIMARY KEY AUTOINCREMENT
```

最初の「id INTEGER」で、idという名前の整数型（INTEGER）の項目を定義します。その後の「PRIMARY KEY」というのは、この項目を「プライマリキー」というものとして設定するためのオプションです。またAUTOINCREMENTは、テーブルにデータを作成するとき、このidという項目に自動的に値を設定するためのものです（後述）。

```
name TEXT NOT NULL, email TEXT, age INTEGER
```

nameとemailというテキスト型（TEXT）とageという整数型（INTEGER）の項目を用意します。nameについているNOT NULLというのは、空の値を許可しない（必ず値を入力する）ためのオプションです。

プライマリキーとは？

この中で説明が必要なのは、プライマリキー（PRIMARY KEY）というものでしょう。これは、テーブルに保管するデータの識別に用いられる特別なキーのことです。SQLデータベースでは、テーブルに保管されている個々のデータを識別するのに、プライマリキーというものを使います。

これは、すべてのデータに異なる値が設定されていないといけません。この値をもとに、データを識別するのです。SQLデータベースでは、テーブルを定義するときは、必ずプライマリキーを用意します。

このプライマリキーは、すべてのレコードで異なる値になっていないといけないため、値の指定に注意が必要です。そこで用意されているのがAUTOINCREMENTです。これを設定しておくと、新たなレコードを追加する際、最後の値から1増えた値を自動で指定してくれます。

ステートメントの実行

ステートメントは文字列として用意し、sqlite3モジュールのDatabaseオブジェクトのメソッドで実行します。ステートメントを実行するメソッドはいくつかあるのですが、テーブルの作成のようにデータベースに命令を送って何かを作成したり削除したりするようなときは「exec」というメソッドを使います。

```
《Database》.exec( ステートメント );
```

このようにして、実行するステートメントを文字列にまとめて引数に用意します。戻り値はありません。

Chapter-7 | データベースを使おう

このexecは非同期になっているので、実行後に何らかの処理を行いたいときは、await
を使うか、返されたPromiseからthenを呼び出し、コールバック関数で処理をします。

ステートメントは大文字・小文字を区別しない！　　　　　　**Column**

　　SQLのステートメントは、大文字小文字を区別しません。CREATE TABLEは、
create tableでも全く問題なく動作します。ただ、ステートメントの文は大文字で
表現するのが一般的なので、ここでもSQLのステートメントは大文字で記述して
います（それ以外の項目名や値などは小文字にしています）。

シードについて

　　ここでは、テーブルの作成の他にもう1つ、「シード」の作成を行っています。これはデー
タベース作成時に用意する初期データのことです。ここではseedという関数を定義し、そ
の中でシードの作成を行っています。

　　データの作成については、後ほど、改めて説明します。ここでは「seed関数で初期デー
タを作成している」ということだけ頭に入れておきましょう。

データベースの解放

　　すべての処理が完了したところで、接続したデータベースを開放する処理を実行して完了
となります。これは以下のように行います。

```
《Database》.close();
```

　　closeすると、接続したデータベースが解放されます。これ以後、Databaseを操作しよ
うとするとすべてエラーになりますので、closeは必ずすべてのデータベースアクセスが完
了したところで実行してください。

初期化関数の呼び出し

　　以上、initializeDB.jsでは、テーブルの作成とシードの作成を行うinitializeDB関数を実
行しています。この関数呼び出しは以下のように行っています。

```
initializeDB().then(() => {
  console.log('Database initialized');
}).catch((err) => {
```

```
    console.error('Error initializing database:', err);
});
```

　initializeDB関数自体もasyncがついており、非同期関数として定義されています。ですので、ただinitializeDB();と呼び出すだけではデータベースの処理が完了する前にプログラムが終了してしまうかも知れません。そこで、thenを使って終了したらconsole.logでメッセージを表示して、終わったことが確認できるようにしています。

　また、データベースの実行中、何らかの問題が発生した場合に備えて、catchで例外の補足をしています。Promiseに対応した非同期処理は、このようにcatchで例外処理ができます。非常にわかりやすくていいですね。

　とりあえず、これでSQLite3を使う準備が整いました！

データベースを見てみる

　後は、実際にコードを書いてデータベースにアクセスするだけですが、しかし「コードを実行しないとデータベースにアクセスできない」というのは、ちょっと不安でしょう。直接、データベースを開いて中を見たり編集したりできないのか？　と思う人も多いはずです。

　そこで、SQLite3のデータベースファイルを開いて編集できる「DB Browser for SQLite」というツールを紹介しておきましょう。これは以下のURLで公開されています。このページの「Download」というリンクをクリックすると、プログラムをインストールするインストーラーがダウンロードできます。

https://sqlitebrowser.org/

Chapter-7 | データベースを使おう

図7-3　「DB Browser for SQLite」のWebサイト。

データベースファイルを開く

　このDB Browser for SQLite（以後、DB Browserと略）は、ウィンドウが1枚だけのシンプルなツールです。アプリを起動し、上部に見えるツールバーから「データベースを開く」というボタンをクリックしてデータベースファイルを開くと、そのデータベースの中身が見られます。

　実際に、「my-express-server」フォルダー内にある「database.db」ファイルを開いてみましょう。すると、ウィンドウの左側のエリアに、データベースファイルの中にあるものが階層化され表示されます。「テーブル」というところには、作成した「my_table」というテーブルがあり、その中に「id」「name」「email」「age」といった項目が用意されているのがわかるでしょう。これが、my_tableテーブルの構造なのです。

図7-4　開いたデータベースにあるテーブルの構造まで表示される。

テーブルのレコードを見る

　テーブルの構造を確認したら、データベースファイルの内部を表示しているエリアの上部にある「データ閲覧」というタブをクリックしてください。これで、テーブルに保管されているデータ（レコードといいます）が一覧表示されます。

　seed関数で、3つのレコードをシードとして追加しているのですが、それらがここに表示されるのがわかるでしょう。

図7-5　テーブルに保管されているレコードが表示される。

　このDB Browserでは、単にテーブルやレコードを表示するだけでなく、新たに作成したり、既にあるものを編集したり削除したりすることもできます。興味のある人は使い方を調べてみるとよいでしょう。

　次から、ExpressでSQLite3にアクセスする方法を説明していきますが、データベースでは思ったように動かなかったりすることがよくあります。そんなとき、このDBBrowserでデータベースの中身を確認しながら使えば、コードの実行で何がどう変わったのか確認しながら学習を進めていけます。いざというとき頼りになるツールですので、とりあえずインストールして基本的な使い方だけでも覚えておくとよいでしょう。

Chapter 7 データベースを使おう

7-2
Section

Expressで
SQLite3を利用する

dbルート設定を作成する

では、ExpressからSQLite3を利用してみましょう。先ほどAIが生成したコードをもとに、Expressで利用するようにアレンジしてみます。

リスト7-10 プロンプト

先ほどのSQLを利用したサンプルコードを、Expressで使うように書き直してください。

これでコードが生成されましたが、やはりGeneratorで使うようになっていないため、これをベースに生成コードをアレンジして掲載していきましょう。

まず、データベース用のルート設定を作成して利用することにします。app.jsを開いてルート設定の登録を行っておきましょう。ファイルを開き、app.use('/board', boardRouter);の次行を改行して以下のコードを追記してください。

リスト7-11 応答

app.jsに追記する

```
var dbRouter = require('./routes/db');
app.use('/db', dbRouter);
```

これで、db.jsというルート設定ファイルの内容を/dbというパスに割り当てました。以後、/dbにアクセスすると「routes」内のdb.jsが呼び出されるようになります。

db.jsを作成する

VSCodeのエクスプローラーで「routes」フォルダーを選択し、「新しいファイル」アイコンで「db.js」というファイルを作成してください。そしてこのファイルに以下のコードを記述します。

278

Expressで SQLite3 を利用する | 7-2

リスト7-12 応答

/routes/db.jsのソースコード

```javascript
var express = require('express');
var router = express.Router();

const sqlite3 = require('sqlite3');
const { open } = require('sqlite');

// データベースの接続
async function connectToDB() {
  const db = await open({
    filename: 'database.db',
    driver: sqlite3.Database
  });
  return db;
}

module.exports = router;
```

　これは、既に説明したデータベースアクセスの処理をまとめたものです。connectToDB という関数に、データベースへ接続して作成したDatabaseを返す処理を用意しています。

　後は、ルート設定の処理をこれに追記し、その中からconnectToDBを呼び出して Databaseを作成すれば、いつでもデータベースが利用できるようになります。

テーブルのレコードを取得する

　まずは、テーブルにあるレコードを取得する処理から作成しましょう。レコードの取得には「SELECT」というクエリを使います。「クエリ」とは、SQLへ問い合わせる文のことです。このSELECT文は、以下のように記述します。

```
SELECT 項目名 FROM テーブル名
```

　SELECTの後には、テーブルから取り出す項目名をコンマで区切って記述します。すべての項目を取り出すなら、項目名の代わりにワイルドカード(*)をつければOKです。そしてFROMの後には、テーブル名を指定します。例えば、my_tableからすべてのレコードを取り出すなら、以下のようになります。

```
SELECT * FROM my_table
```

Chapter-7 | データベースを使おう

これで、my_tableのレコードが取り出せます。得られるレコードは、1つ1つのレコードをオブジェクトにまとめた、オブジェクトの配列になっています。

では、SELECTステートメントの実行はどのように行うのでしょうか。これは、Databaseの「all」メソッドを使います。

```
《Database》.all( クエリ );
```

これでクエリが実行され、その結果としてレコードの配列が返されます。このallメソッドは非同期なので、awaitでアクセスが完了するまで待って戻り値を得るか、thenでコールバック関数を使って結果を受け取るかします。

ステートメントとクエリ　　　　　　　　　　　　　　　　Column

　先にテーブルを作成したとき、CREATE TABLEの文を「ステートメント」と表現しました。ここではSELECTの文を「クエリ」と呼んでいますね。一体、何が違うのでしょうか。

　これは、違いはありません。SQLでは、実行する文のことを一般に「SQLクエリ」と呼びます。クエリ（Query）というのは「質問」のことですね。SELECT文のように、データベースに質問して答えを受け取る（つまり、問い合わせたレコードなどを受け取る）ようなものは、一般にクエリと呼ばれます。

　これに対し、CREATE TABLEなどはデータベースに「命令」を送るものであり、結果や答えを受け取るわけではありません。こうした命令文は、一般に「ステートメント（Statement）」と呼ばれます。

　Databaseの場合、execで実行するものがステートメントで、レコードを取得するものはクエリと考えるとよいでしょう。ただし、いずれも「SQLクエリ」のことであり、「命令して何かを実行するものと、質問して答えをもらうものを、区別しやすいように呼び分けてるだけ」と考えればいいでしょう。

すべてのレコードを得る

では、my_dataレコードを受け取るルート設定を作成しましょう。これ以後のデータベースを利用したコードは、AIに生成させたものをベースに、本書のサンプルにあわせて調整したものになります。

「routes」内に作成したdb.jsを開き、module.exports = router;の手前に以下を追記してください。

リスト7-13 応答

/routes/db.jsに追加

```
router.get('/all', async (req, res) => {
  const db = await connectToDB();
  const rows = await db.all('SELECT * FROM my_table');
  res.json(rows);
});
```

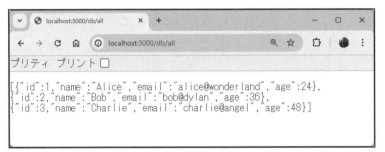

図7-6　/db/allにアクセスするとレコードが表示される。

　作成できたらアプリケーションを実行し、/db/allにアクセスしてみてください。my_tableのレコードがJSONフォーマットのデータとして表示されます。
　ここでは、connectToDBでDatabaseを作成した後、以下のようにしてレコードを取得しています。

```
const rows = await db.all('SELECT * FROM my_table');
```

　awaitでdb.allを実行し、戻り値をrowsに得ています。そして、res.jsonでJSONフォーマットの文字列に変換してrowsを出力します。これで、my_tableのデータを送信するAPIができました。

my_tableを表示するページを作る

　これでAPI側はできましたら、続いて、my_tableのレコードを受け取って表示するWebページを作成します。ここでは、/dbにアクセスすると全レコードを表示するものを考えましょう。
　まずはテンプレートファイルです。「views」フォルダー内に「db」というフォルダーを作成してください。

Chapter-7 │データベースを使おう

リスト7-14 応答

/views/db/index.ejsのソースコード

```
<!DOCTYPE html>
<html lang="ja">
<head>
  <meta charset="UTF-8">
  <meta name="viewport"
    content="width=device-width, initial-scale=1.0">
  <title>Database</title>
  <script src="/javascripts/db_script.js"></script>
  <link rel="stylesheet" href="/stylesheets/style.css">
</head>
<body>
  <div class="container">
    <h1>Database</h1>
    <ul class="db-list" id="db-list"></ul>
  </div>
  <script>
  all_my_table();
  </script>
</body>
</html>
```

　ここでは、<ul class="db-list" id="db-list">という形でリストを表示する要素を用意してあります。ここにリストを表示しようと考えています。また、/javascripts/db_script.jsを読み込み、all_my_table関数を呼び出すようにしていますね。この関数で、/db/allのAPIからRecordを取得し、id="db-list"の<ul>にレコードを追加して表示するわけです。

　では、<li>のリスト表示のためのCSSクラスを追加しておきましょう。「public」内の「stylesheets」内にあるstyle.cssを開いて以下を追加してください。

リスト7-15 応答

/public/stylesheets/style.cssに追加

```
ul.db-list li {
   text-align: left;
   border: #ccc 1px solid;
   padding:5px 10px;
   margin: 3px 0px;
   border-radius: 4px;
}
```

Express で SQLite3 を利用する | 7-2

db_script.jsの用意

では、フロントエンド側のコードを作りましょう。「public」内の「javascripts」内に、新たに「db_script.js」という名前でファイルを作ります。そして、以下のコードを記述してください。

リスト7-16 応答

/public/javascripts/db_script.jsのソースコード

```
async function all_my_table() {
  const resp = await fetch('/db/all');
  const table = await resp.json();

  const list = document.getElementById('db-list');
  list.innerHTML = '';
  table.map((row) => {
    const li = document.createElement('li');
    li.textContent = `${row.name} (${row.age}) <${row.email}>`;
    list.appendChild(li);
  });
}
```

await fetch('/db/all');で、/db/allからレコードをすべて取得します。そしてそれを元に、mapメソッドで各レコードを<li>のエレメントとして作成し、appendChildで<ul>に追加します。これで、レコードの内容がリストとして表示されるようになります。

/dbのルート設定を追加

最後に、/dbにアクセスしたら先ほどのテンプレートファイルによるWebページを表示するようにルート設定を追加しましょう。「routes」内のdb.jsを開き、最後のexportより手前に以下を追記してください。

リスト7-17 応答

/routes/db.jsに追加

```
router.get('/', (req, res) => {
  res.render('db/index');
});
```

記述できたら、/dbにアクセスしてみてください。my_tableのRecordがリストとして表示されます。

図7-7 /dbにアクセスすると、my_tableの一覧リストが表示される。

レコードの追加

レコードの表示ができたら、続いて、レコードの追加です。レコードの追加は、既に使っていますね。そう、「シード」の作成のところです。ここでレコードの追加を行っていました。

レコードの追加は「INSERT INTO」というステートメントを使います。これは、以下のような形で記述します。

```
INSERT INTO テーブル名（項目1, 項目2, ...）VALUES（値1, 値2, ...）
```

テーブル名の後に、値を用意する項目を()でまとめ、その後にVALUES (xxx)というようにして各項目に割り当てる値を用意します。テーブル名の後の()の項目数と、VALUESの後の()の項目数は同じでなければいけません。

runでINSERT INTOを実行

このINSERT INTOステートメントは、Databaseの「run」メソッドで実行します。これは、以下のように呼び出します。

```
db.run('INSERT INTO テーブル名（項目1, 項目2, ...）VALUES（?,?, ...)', 配列);
```

VALUESの()には、値として?が割り当てられています。そしてrunの第2引数に、実際に追加する値を配列にまとめて用意します。こうすることで、Databaseは?の部分に配

列の値を当てはめてステートメントを実行します。このやり方なら、さまざまな値を簡単に
割り当ててレコードを追加していけますね。

---

execとrunの違いは？　Column

　先にテーブルを作成したとき、Databaseの「exec」を使いました。INSERT
INTOでは「run」を使っていますね。どちらもSQLのステートメントなのに何が違
うのでしょうか。

　execは、引数に指定したSQLクエリをそのまま実行します。runは、第2引数
に値の配列を用意し、SQLクエリを生成して実行します。つまり、？を使って値を
挿入できるのはrunだけで、execはできないのです。また、runはデータベースか
らの戻り値を受け取ることができますが、execは戻り値がありません。

　単純に「用意したSQLクエリを実行するだけ」というときはexec、値をSQLクエ
リに挿入したり、実行結果の情報を受け取ったりするときはrunを使うのですね。

レコード追加のルート設定を作る

　では、レコードを追加する処理を作りましょう。先ほどmy_tableを作成した応答の続き
として、以下のプロンプトを送ってみます。

リスト7-18 プロンプト

先ほど作成したmy_tableテーブルにレコードを追加するAPIを作成し、これを利用してレコードを追加する
Webページを作ってください。

　まずは、ルート設定からです。ここでは、/db/addにレコード追加のためのAPIを用意
することにします。

　「routes」内のdb.jsを開き、最終行(module.exports = router;)の手前に以下のコード
を追記してください。

リスト7-19 応答

/routes/db.jsに追加

```
router.post('/add', async (req, res) => {
  const name = req.body.name;
  const email = req.body.email;
  const age = req.body.age;
  const db = await connectToDB();
```

285

Chapter-7 | データベースを使おう

```
let re = await db.run('INSERT INTO my_table (name,email,age) VALUES ↵
(?,?,?)',[name,email,age]);
console.log(re);
res.json({ msg: "OK." });
});
```

req.bodyからname, email, ageといった値を取り出し、INSERT INTOを使ってmy_tableにレコードを追加しています。

runの戻り値について

ここでは、await db.runの戻り値を変数reで受け取ってconsole.logで表示をしています。INSERET INTOは、レコードを追加するだけなのでなにかの情報を受け取ることはないと思いますが、何が返されるのでしょう。

レコードの追加を行ったとき、ターミナルにはおそらく以下のような値が出力されるでしょう。

```
{ stmt: Statement { stmt: undefined }, lastID: 4, changes: 1 }
```

stmtにはStatementオブジェクトという、実行したステートメントに関するオブジェクトが保管されます。そしてlastIDには最後のレコードのID番号が、changesには変更されたレコード数がそれぞれ保管されます。要するに「どういう変更がされたか」という情報が返されるようになっているのですね。

これは、今すぐ使うことはないでしょうが、例えばレコードを削除したり変更したりするようになると、「気が付かないでいくつものレコードを操作してしまった」なんてこともあるでしょう。これら戻り値の内容を知っていれば、いくつのレコードが変更されたかわかりますし、最後に追加したレコードのIDがいくつかも調べられます。

テンプレートファイルの修正

APIができたら、クライアント側を作成しましょう。まずはテンプレートファイルです。「views」内の「db」内に作成したindex.ejsを開き、<body>を以下のように修正してください。

リスト7-20 応答

/views/db/index.ejsの<body>を修正

```
<body>
```

286

Express で SQLite3 を利用する | 7-2

```html
    <div class="container">
      <h1>Database</h1>
      <div class="add_record">
        <input type="text" id="name" placeholder="名前">
        <input type="email" id="email" placeholder="メールアドレス">
        <input type="number" id="age" placeholder="年齢">
        <button id="add_btn">登録</button>
      </div>
      <ul class="db-list" id="db-list"></ul>
    </div>
    <script>
    all_my_table();

    // 登録ボタンにイベントを割り当てる
    const add_btn = document.getElementById('add_btn');
    add_btn.addEventListener('click', (event) => {
      add_record();
    });
    </script>
</body>
```

　ここでは、レコード作成用の入力フィールドとボタンを追加しました。またボタンクリックのイベント処理も組み込んであります。これで、ボタンをクリックすると「add_record」という関数が実行されるようになります。

　入力フィールドを足したので、あわせてCSSも追記しておきましょう。「public」内の「stylesheets」内にあるstyle.cssに以下を追記してください。

リスト7-21 応答

/public/stylesheets/style.cssに追加

```css
.add_record {
  width: 300px;
}
```

JavaScriptの修正

　では、「登録」ボタンをクリックしたときに実行するadd_record関数を作成しましょう。「public」内の「javascripts」内にあるdb_script.jsに以下を追記してください。

Chapter-7 | データベースを使おう

リスト7-22 応答

/pubic/javascripts/db_script.jsに追加

```javascript
async function add_record() {
  const name = document.getElementById('name').value;
  const email = document.getElementById('email').value;
  const age = document.getElementById('age').value;
  await fetch('/db/add', {
    method: 'POST',
    headers: {
      'Content-Type': 'application/json'
    },
    body: JSON.stringify({ name, email, age })
  });
  await all_my_table();
  document.getElementById('name').value = '';
  document.getElementById('email').value = '';
  document.getElementById('age').value = '';
  alert('レコードを追加しました');
}
```

　ここでは、fetch関数を使い、/db/addにPOST送信しています。送信するデータは、bodyにJSON.stringify({ name, email, age })というようにして値を用意してあります。これらの値が/db/addに送信され、その値を元にレコードの追加処理が実行されるわけですね。

　実行後、all_my_tableを呼び出してレコードの表示を更新しています。これで、追加したレコードが表示されるようになります。

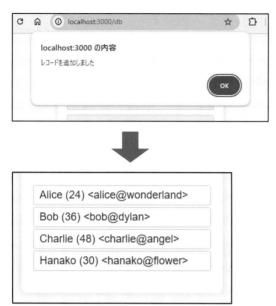

図7-8 フォームに入力し「登録」ボタンを押すとレコードが追加される。

レコードの検索

　次は、レコードの検索についてです。検索は、データベースでもっとも重要な機能といえます。データベースの最大の利点は、膨大なデータから必要なものを的確に取り出せるという点にあります。検索機能をフルに活用することで、膨大なデータを活かしたアプリが作成できるようになります。
　この検索の基本は、既にやった「すべてのレコードを取得する」というSELECTステートメントです。こういうものですね。

```
SELECT * FROM テーブル名
```

　これですべてのレコードが取り出せます。では、検索条件を設定して、条件に合致するレコードだけを取り出す場合は？ これは、この後に「WHERE」というものを追加するのです。

```
SELECT * FROM テーブル名 WHERE 条件式
```

　条件式には、検索対象となる項目の値を指定する比較の式が使われます。例えば、「WHERE id = 1」とすれば、idの値が1のレコードを検索します。この検索条件の式をどう用意するかで、さまざまな検索が行えるようになるわけです。
　これの実行は、先に全レコードの取得で使ったdb.allを利用します。

Chapter-7 | データベースを使おう

```
db.all('SELECT * FROM テーブル名 WHERE 項目名=?',[検索文字列])
```

こんな感じでクエリを実行することで、WHEREに指定した検索条件に合致するレコード
が返されます。受け取ったレコードの処理は、全レコードの取得のときと同じと考えていい
でしょう。

検索のルート設定を作成

では、検索ページを作ってみましょう。これもAIに基本コードを作成してもらい、生成
されたコードを本アプリに組み込む形に手直ししたものを掲載していきます。

リスト7-23 プロンプト

作成したmy_tableテーブルからnameでレコードを検索するAPIを作成し、これを利用したレコードのWebペー
ジを作ってください。

まずはルート設定からです。「routes」内のdb.jsを開き、module.exports = router;の
前に以下を追記します。

リスト7-24 応答

/routes/db.jsに追加

```
router.get('/find', (req, res) => {
  res.render('db/find');
});

router.post('/find', async (req, res) => {
  const find = req.body.find;
  const db = await connectToDB();
  const rows = await db.all('SELECT * FROM my_table WHERE name=?',[find]);
  res.json(rows);
});
```

ここでは、/db/findにアクセスすると、/db/find.ejsというテンプレートでページを表
示するようにしています。また、/db/findにPOST送信することで、req.body.findで受
け取った検索文字列を使い、以下のように検索を行います。

```
SELECT * FROM my_table WHERE name=検索文字列
```

つまり、これは「name項目の値で検索をする」というものだったのですね。findという値

290

Express で SQLite3 を利用する | 7-2

が渡されたら、それを検索文字列として検索を行うようにしていたのですね。

検索結果は、そのままres.jsonでJSONフォーマットにして返しています。後は、受け取っ
た側で処理するだけです。

find.ejs テンプレートの作成

では、フロントエンドに進みましょう。まずはテンプレートからです。「views」内の「db」
内に、「find.ejs」という名前で新しいファイルを作成してください。そして以下のようにコー
ドを記述します。

リスト7-25 応答

/views/db/find.ejsのソースコード

```html
<!DOCTYPE html>
<html lang="ja">
<head>
  <meta charset="UTF-8">
  <meta name="viewport"
    content="width=device-width, initial-scale=1.0">
  <title>Database</title>
  <script src="/javascripts/db_script.js"></script>
  <link rel="stylesheet" href="/stylesheets/style.css">
</head>
<body>
  <div class="container">
    <h1>Database</h1>
    <div class="add_record">
      <input type="text" id="find" placeholder="検索テキスト">
      <button id="find_btn">検索</button>
    </div>
    <ul class="db-list" id="db-list"></ul>
  </div>
  <script>
  const add_btn = document.getElementById('find_btn');
  add_btn.addEventListener('click', (event) => {
    find_record();
  });
  </script>
</body>
</html>
```

Chapter
7

291

Chapter-7 | データベースを使おう

ここでは、id="find"という入力フィールドと検索ボタンを用意してあります。検索結果は、id="db-list"の<ul>に追加表示させます。基本的には、/views/db/index.ejsに用意したものと同じような処理ですから難しくはないでしょう。後は、検索ボタンをクリックしたときに実行するfind_record関数を用意するだけです。

find_record関数を作成

では、「public」内の「javascripts」内にあるdb_script.jsを開き、以下のコードを追記してください。

リスト7-26 応答

/pubic/javascripts/db_script.jsに追加

```javascript
async function find_record() {
  const find = document.getElementById('find').value;
  const resp = await fetch('/db/find', {
    method: 'POST',
    headers: {
      'Content-Type': 'application/json'
    },
    body: JSON.stringify({ find })
  });
  const record = await resp.json();
  find_my_table(record);
}

async function find_my_table(record) {
  const list = document.getElementById('db-list');
  list.innerHTML = '';
  record.map((row) => {
    const li = document.createElement('li');
    li.textContent = `name:${row.name}, email:${row.email}, age:${row.age}.`;
    list.appendChild(li);
  });
}
```

ここでは2つの関数を用意しています。find_recordは、id="find"の値を取り出して/db/findにfetchでPOST送信し、結果を受け取ります。受け取ったJSONデータは、そのままfind_my_table関数に渡し、ここで結果をリスト表示しています。このfind_my_tableは、先に作ったall_my_tableと基本的な処理の流れは同じなのでだいたいわかるでしょう。実際にhttp://localhost:3000/db/findにアクセスして動作を確かめましょう。

292

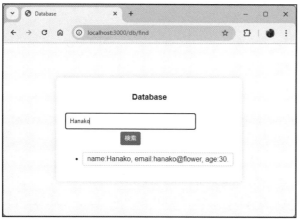

図7-9 フィールドに検索文字を入力しボタンを押すとレコードを検索し表示する。

レコードの削除

　これで、もっとも重要な「表示」「追加」「検索」といった機能の作り方がわかりました。これ以外に覚えておきたい処理としては、レコードの削除と更新があるでしょう。これらについても基本的なコードを説明しておきましょう。

　もうWebページからfetchでAPIにアクセスして情報を送信し処理を行う、というやり方はだいぶわかってきましたから、ここでは削除と更新をするルート設定だけ作成することにします。

　まずは、レコードの削除です。これは「DELETE FROM」というステートメントを使って行います。これは以下のように実行します。

```
DELETE FROM テーブル名 WHERE 条件式
```

　単に「DELETE FROM テーブル名」だけだと、指定したテーブルの全レコードを削除してしまいます。WHEREを使い、検索する条件を設定することで、指定されたレコードだけが削除されるようになります。

　一般に、こうした場合にはプライマリキーを使って条件を設定することが多いでしょう。プライマリキーは必ずユニークな値（同じ値が複数存在しない）になっていますので、これを使えば必ず対象となるレコード1つだけが選択されます。例えばmy_tableならば、「WHERE id = 番号」というようにidで削除するレコードを指定すれば、そのレコードが削除されるようになります。

Chapter-7 | データベースを使おう

レコード削除のAPI

では、レコードを削除するサーバー側のAPIを作成しましょう。APIだけならあまり複雑ではありませんから、AIに作らせましょう。

リスト7-27 プロンプト

ExpressでIDを送信するとmy_tableからそのIDのレコードを削除するAPIを/db/deleteというルートで作成してください。

これでExpressのコードが生成されました。やはりExpressの標準的なコードが作られるので、必要な部分だけを抜き出して修正しました。「routes」内のdb.jsを開き、module.exports = router;の手前に以下を追記します。

リスト7-28 応答

/routes/db.jsに追加

```
router.post('/delete', async (req, res) => {
  const id = req.body.id;
  const db = await connectToDB();
  await db.run('DELETE FROM my_table WHERE id = ?', [id]);
  res.json({ msg: "DELETE." });
});
```

ここでは、「id」という名前で削除するレコードのIDを受け取ると、それを削除します。ここでは、以下のようにして削除の処理を実行していますね。

```
await db.run('DELETE FROM my_table WHERE id = ?', [id]);
```

これで、idの値のレコードが削除されます。DELETE FROMステートメントの書き方さえわかっていれば、db.runでの実行はこれまで作ったコードと大きな違いもありませんからすぐにわかるでしょう。

/db/deleteへのアクセス

この/db/deleteにPOSTアクセスするには、クライアント側のJavaScriptで以下のようにfetch関数を実行すればいいでしょう。

294

Express で SQLite3 を利用する | **7-2**

リスト7-29

```
await fetch('/db/delete, {
  method: 'POST',
  headers: {
    'Content-Type': 'application/json'
  },
  body: JSON.stringify({ id }) // idに削除するidを指定
});
```

これで変数idに代入した番号のレコードを削除できます。Webページのテンプレート部分をそれぞれで用意し、レコードを削除するページを作ってみましょう。

削除のページを作る

まず、テンプレートを作成します。「views」内の「db」フォルダーに「delete.ejs」という名前でファイルを作成して下さい。そして以下のように記述をしておきます。

リスト7-30 応答

/views/db/delete.ejsのソースコード

```
<!DOCTYPE html>
<html lang="ja">
<head>
  <meta charset="UTF-8">
  <meta name="viewport"
    content="width=device-width, initial-scale=1.0">
  <title>Database</title>
  <script src="/javascripts/db_script.js"></script>
  <link rel="stylesheet" href="/stylesheets/style.css">
</head>
<body>
  <div class="container">
    <h1>Database</h1>
    <div class="add_record">
      <input type="number" name="id" id="id">
      <pre id="record"
        style="text-align:left;"></pre>
      <button id="delete_btn">削除</button>
    </div>
    <ul class="db-list" id="db-list"></ul>
  </div>
  <script>
  async function dochange(e) {
```

295

Chapter-7 | データベースを使おう

```
    const record = await get_record(e.value);
    document.getElementById('record').textContent
      = JSON.stringify(record,{},2);
  }

  const id_input = document.getElementById('id');
  id_input.addEventListener('change', (event) => {
    dochange(event);
  });
  const del_btn = document.getElementById('delete_btn');
  del_btn.addEventListener('click', (event) => {
    delete_record();
  });
  </script>
</body>
</html>
```

　続いて、「public」フォルダーの「javascripts」内にある「db_script.js」を開き、以下のコードを追記しておきます。

リスト7-31 応答

/pubic/javascripts/db_script.jsに追加

```
async function get_record() {
  const id = document.getElementById('id').value;
  const resp = await fetch('/db/get?id=' + id);
  const record = await resp.json();
  return record;
}

async function delete_record() {
  const id = document.getElementById('id').value;
  await fetch('/db/delete', {
    method: 'POST',
    headers: {
      'Content-Type': 'application/json'
    },
    body: JSON.stringify({ id })
  });
    alert('レコードを削除しました');
}
```

296

これで、delete_recordで/db/deleteにアクセスし、レコードの削除を行う処理ができました。

後は、dbルートに削除ページの表示と指定したIDのRecordを取得する処理を追加します。「routes」フォルダーのdb.jsのmodule.exports = router;の手前に以下の関数を追記しましょう。

リスト7-32 応答

/routes/db.jsに追加

```javascript
router.get('/get', async (req, res) => {
  const id = req.query.id;
  const db = await connectToDB();
  const rows = await db.get('SELECT * FROM my_table where id=?',[id]);
  res.json(rows);
});

router.get('/delete', (req, res) => {
  res.render('db/delete');
});
```

図7-10 削除のページ。IDを入力し、内容を確認したボタンを押すと削除する。

作成したサンプルでは、/db/deleteにアクセスすると、IDを入力するページが現れます。ここでIDを入力すると、そのレコードの内容が下に表示されるので、内容を確認し、「削除」ボタンを押せばそのレコードが削除されます。

コードの詳細説明は省略するので、それぞれでやっている処理を考えてみて下さい。

Chapter-7 | データベースを使おう

レコードの更新

残るは、既にあるレコードの内容を変更する処理です。これは、「UPDATE」というステートメントとして作成します。このステートメントは以下のように利用します。

```
UPDATE テーブル名 SET 項目1=値1, 項目2=値2, …… WHERE 条件式
```

「UPDATE テーブル名」の後に、SETというものを使い、変更する項目の名前と値を「項目＝値」という形で記述していきます。複数の項目を変更したい場合はコンマで区切って記述します。

更新内容の後には、WHEREで更新するレコードを検索するための条件を設定します。これを忘れると、すべてのレコードの値が書き換わってしまうので注意してください。

APIの作成

これもAPIの部分だけAIに作ってもらいましょう。以下のようにプロンプトを実行してみます。

リスト7-33 プロンプト

Expressで、IDを送信するとmy_tableにあるそのIDのレコードを更新する処理を/db/updateというルートでコードを作成してください。更新するレコードの項目はname, email, egeで、いずれもidと共にPOST送信されます。

リスト7-34 応答

/routes/db.jsに追加

```javascript
router.post('/update', async (req, res) => {
  const id = req.body.id;
  const name = req.body.name;
  const email = req.body.email;
  const age = req.body.age;
  const db = await connectToDB();
  await db.run('UPDATE my_table SET name =?, email =?, age =? WHERE id =?',
    [name, email, age, id]);
  res.json({ msg: "UPDATE." });
});
```

ここでは、req.bodyからid, name, email, ageといった値を取り出し、WHERE id ＝idに合致するレコードの値を更新します。ここでは、レコードの更新を以下のような形で実

行しています。

```
await db.run('UPDATE my_table SET name =?, email =?, age =? WHERE id =?',
    [name, email, age, id]);
```

SETのところで各項目の値を設定する記述が必要ですが、考え方としてはDELETE FROMステートメントの削除処理とそう大きな違いはありませんね。

/db/updateにアクセスするfetch関数

では、これもフロントエンドから/db/updateにアクセスをするfetch関数を参考にあげておきましょう。

リスト7-35
```
await fetch('/db/update', {
  method: 'POST',
  headers: {
    'Content-Type': 'application/json'
  },
  body: JSON.stringify({ id, name, email, age })
});
```

考え方は、先ほどの削除処理と同じです。ただ、アクセスするパスと、bodyに用意する値が少し違っているだけです。ここでは、id, name, email, ageといった変数にレコードの情報を記述しています。これらをボディにまとめて/db/updateに送信すれば、送った情報を元にレコードが更新されます。

更新ページを作る

では、更新ページのサンプルを作ってみましょう。まずテンプレートからです。「views」フォルダーの「db」内に「update.ejs」という名前でファイルを作成し、以下のように記述をします。

リスト7-36

/views/db/update.ejsのソースコード

```
<!DOCTYPE html>
<html lang="ja">
<head>
  <meta charset="UTF-8">
```

```html
    <meta name="viewport"
      content="width=device-width, initial-scale=1.0">
    <title>Database</title>
    <script src="/javascripts/db_script.js"></script>
    <link rel="stylesheet" href="/stylesheets/style.css">
  </head>
  <body>
    <div class="container">
      <h1>Database</h1>
      <div class="add_record">
        <input type="number" name="id" id="id">
        <input type="text" name="name" id="name" placeholder="名前">
        <input type="email" name="email" id="email"
         placeholder="メールアドレス">
        <input type="number" name="age" id="age" placeholder="年齢">
        <button id="update_btn">更新</button>
      </div>
    </div>
    <script>
    async function dochange(e) {
      const record = await get_record(e.value);
      document.getElementById('name').value = record.name;
      document.getElementById('email').value = record.email;
      document.getElementById('age').value = record.age;
    }

    const id_input = document.getElementById('id');
    id_input.addEventListener('change', (event) => {
      dochange(event);
    });
    const up_btn = document.getElementById('update_btn');
    up_btn.addEventListener('click', (event) => {
      update_record();
    });
    </script>
  </body>
</html>
```

　続いて、「public」内の「javascripts」フォルダーにあるdb_script.jsを開き、以下のコードを追記します。

Express で SQLite3 を利用する | **7-2**

リスト7-37

/pubic/javascripts/db_script.jsに追加

```javascript
async function update_record() {
  const id = document.getElementById('id').value;
  const name = document.getElementById('name').value;
  const email = document.getElementById('email').value;
  const age = document.getElementById('age').value;
  await fetch('/db/update', {
    method: 'POST',
    headers: {
      'Content-Type': 'application/json'
    },
    body: JSON.stringify({ id, name, email, age })
  });
  document.getElementById('name').value = '';
  document.getElementById('email').value = '';
  document.getElementById('age').value = '';
  alert('レコードを更新しました');
}
```

最後に、「routes」内のdb.jsを開いて、module.exports = router;の手前に以下のコードを追記すれば完成です。

リスト7-38

/routes/db.jsに追加

```javascript
router.get('/update', (req, res) => {
  res.render('db/update');
});
```

301

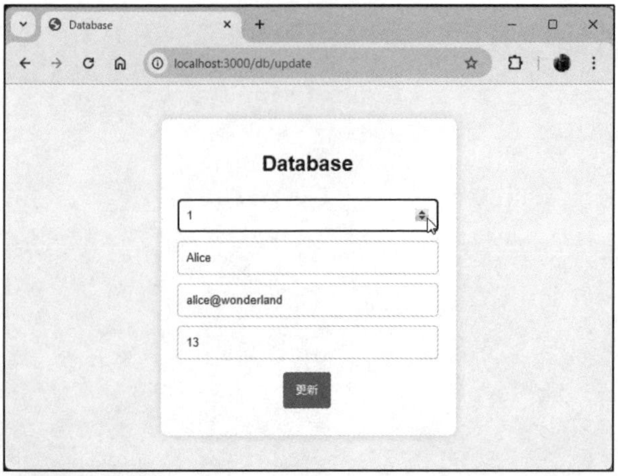

Chapter-7 | データベースを使おう

図7-11 /db/updateにアクセスし、IDを指定してレコードの内容を変更して送信する。

/db/updateにアクセスすると、更新のフォームが表示されます。まずIDのフィールドで値を入力すると、そのIDのレコードが下のフィールドに書き出されます。これらの値を変更し、「更新」ボタンを押すと、そのレコードが更新されます。

こちらもコードの説明は省略するので、それぞれで内容を考えてみて下さい。

これで、データベースの基本的な操作が一通りできるようになりました。SQLデータベースは非常に機能が多いため、これだけではとても使いこなしているとはいえませんが、「データベースを利用した簡単なアプリぐらいはこれで作れるようになりますよ。

Chapter 7 データベースを使おう

7-3
Section

SQL版のメッセージ
ボードを作る

SQLをアプリで使う

データベースアクセスが一通りできるようになったところで、実際のアプリでの利用を考えてみることにしましょう。前章で、簡単なメッセージボードを作成しましたね。あれを、SQLite3を利用する形に書き直してみましょう。

既に基本部分はすべて用意できていますから、ソースコード関係だけ新しく作り直せば、テンプレートファイルなどはそのまま流用できそうですね。

では、やってみましょう。まずは、ログインの機能をSQLite3仕様に変更します。先にログインシステムを作成したAI履歴は残っていますか。あのときの質問履歴を探し、その続きとして再質問をしましょう。

リスト7-39 プロンプト

先ほど作成したログインシステムのコードを書き換え、SQLite3からユーザー情報を検索してログインするように修正してください。

これで、基本的な修正コードが生成されました。ただし、もとの生成コードがGeneratorに対応したものではないので、これもアプリにあわせて修正したものを掲載します。

SQL版ログインシステム

最初に、ログインシステムをSQLite3に対応させましょう。これは、ユーザー名とパスワードを保管するテーブルを作成し、これを使ってログインするようにすればいいでしょう。

作成するテーブルは、以下のようになります。

リスト7-40

```
CREATE TABLE IF NOT EXISTS users (
  username TEXT PRIMARY KEY,
```

303

Chapter-7 | データベースを使おう

```
    password TEXT NOT NULL,
    email TEXT
)
```

usernameをプライマリキーに設定し、passwordを指定します。passwordは必須なので、NOT NULLを指定しておきます。この他、ユーザー情報としてemailという項目も用意してみました。

では、このusersテーブルを用意する初期化処理のプログラムを作成しましょう。プロジェクト内に「initialUserDB.js」という名前でファイルを作成してください。そして以下のコードを記述します。

リスト7-41 応答

initialUserDB.jsのソースコード

```javascript
const sqlite3 = require('sqlite3');
const { open } = require('sqlite');

// テーブルの初期化
async function initializeDB() {
  // データベースの接続
  const db = await open({
    filename: 'database.db',
    driver: sqlite3.Database
  });

  // テーブルの作成
  await db.exec(`CREATE TABLE IF NOT EXISTS users (
    username TEXT PRIMARY KEY,
    password TEXT NOT NULL,
    email TEXT
  )`);

  await seed(db); // データのシード

  await db.close();
}

async function seed(db) {
  // シードデータ
  const seedData = [
    { username: 'taro', password: 'yamada', email:'taro@yamada'},
    { username: 'hanako', password: 'flower', email:'hanako@flower'},
    { username: 'sachiko', password: 'flohappy', email:'sachiko@happy'},
```

304

```
    ];

    // シードデータの挿入
    for (const data of seedData) {
      await db.run('INSERT INTO users (username,password) VALUES (?,?)',
        [data.username, data.password]);
    }
  }

initializeDB().then(() => {
  console.log('Database initialized');
}).catch((err) => {
  console.error('Error initializing database:', err);
});
```

　seed関数では、シードを作成しています。これは、seedDataのデータを元にユーザー登録を行っています。この内容は、それぞれで適当に変更してください。

　作成したら、ターミナルから「node initialUserDB.js」を実行します。これで「Database initialized」と表示されたら、usersテーブルが作成されています。

図7-12 node initialUserDB.jsを実行する。

users.jsを作成する

　続いて、login.htmlからフォーム送信してログイン処理を行うプログラムを作りましょう。「routes」内のusers.jsを開き、その中身を以下のように修正します。

リスト7-42 応答

/routes/users.jsを修正

```
var express = require('express');
var router = express.Router();
const sqlite3 = require('sqlite3');
const { open } = require('sqlite');
```

Chapter-7 | データベースを使おう

```javascript
// データベースの接続
async function connectToDB() {
  const db = await open({
    filename: 'database.db',
    driver: sqlite3.Database
  });
  return db;
}

// ログイン用のエンドポイント
router.post('/login', async(req, res) => {
  const { username, password } = req.body;
  const db = await connectToDB();

  // ユーザーが存在し、パスワードが一致するかを確認
  const query = 'SELECT * FROM users WHERE username = ? AND password =
?';
  const rows = await db.all(query, [username, password]);
  if (rows.length > 0) {
    // セッションにユーザー情報を保存
    req.session.user = rows[0];
    res.redirect('/board');
  } else {
    res.status(401).send('Invalid username or password.');
  }
});

// ログアウト用のエンドポイント
router.post('/logout', (req, res) => {
  req.session.destroy(err => {
    if (err) {
      return res.status(500).send('Failed to logout.');
    }
    res.send('Logged out successfully!');
  });
});

module.exports = router;
```

　これで、ログインシステムができました。router.post('/login', ～のコールバック関数で、ログインの処理を行っています。ここでは、以下のようにしてデータベースに問い合わせをしています。

```
const query = 'SELECT * FROM users WHERE username = ? AND password = ?';
const rows = await db.all(query, [username, password]);
```

WHEREの検索条件のところには、username＝？AND password＝？というような
値が設定されています。ANDは、論理積というもので、左辺と右辺の両方の式が成立する
場合のみ正しいと判断します。これで、usernameとpasswordの両方の値が一致する
Recordを検索しているのですね。

　もしレコードが見つかったら、それがログインするユーザーのレコードになります。見つ
からなかった場合、返される配列には何も値が保管されません。そこで、if (rows.length
＞ 0)というようにして、戻り値の配列の要素数がゼロ以上かどうかでレコードが得られた
かどうかをチェックしています。

　もし、得られたレコードがあったならば、以下のようにしてレコードの情報をセッション
に保管しています。

```
req.session.user = rows[0];
```

　これで、セッションのuserというところに、ログインしたユーザーのusersレコードが
保管されます。このセッションが保管されている間、ログイン状態が続くわけですね。

SQL版メッセージボード

　続いて、メッセージボードのプログラムを作成しましょう。これも、先にメッセージボー
ドを生成したときのAI履歴から続きの質問としてプロンプトを送ります。

リスト7-43 プロンプト

先ほどのメッセージボードを、SQLite3にメッセージを保存するように書き換えてください。

　例によって、これで生成されたコードをもとに、現在のアプリにあわせて修正したものを
掲載していきます。

テーブルの作成

　まず最初に行うのは、メッセージボードのデータを保管するテーブルの作成です。テーブ
ルの作成は、CREATE TABLEステートメントを使いましたね。今回は、投稿したメッセー
ジと投稿者、投稿日時といった情報をまとめて保管するテーブルを作成します。ステートメ
ントは、ざっと以下のようになるでしょう。

Chapter-7 | データベースを使おう

リスト7-44

```
CREATE TABLE IF NOT EXISTS messages (
  id INTEGER PRIMARY KEY AUTOINCREMENT,
  username TEXT,
  message TEXT,
  timestamp TEXT,
  FOREIGN KEY(username) REFERENCES users(username)
)
```

テーブル名は「messages」としました。プライマリキーとなるidの他、username，message，timestampといったものを用意します。これらはいずれもNOT NULLで必ず値を入力するようにしておきます。

最後に、FOREIGN KEY(username) REFERENCES users(username)という見たことのないものが書かれてますね。これは、外部キーの参照設定を行うものです。

今回のメッセージボードは、usersテーブルにログインしたユーザーの情報があり、メッセージを投稿するときはそのユーザーの名前をusernameに設定します。これ、ただ名前を保管するだけでなく、メッセージを投稿したユーザーのusersレコードがつけられたらさらに便利になりますね。usersテーブルにあるさまざまな情報にもアクセスできるようになるのですから。

そこで、messagesとusersを関連付けるための設定を行っているのが、この記述なのです。これは、以下のように記述されています。

FOREIGN KEY（外部キーの項目） REFERENCES テーブル（項目）

これにより、テーブルの項目を、別のテーブルの項目から参照するようにします。今回は、このmessagesテーブルのusernameの値を、関連するusersテーブルのレコードのusernameを参照するようにします。これにより、messagesの各レコードに、投稿者のusersレコードを連携させることができるようになります。

初期化用プログラムの作成

では、データベースにテーブルを作成する、初期化用のプログラムを作成しましょう。プロジェクトのフォルダー内に「initialBoardDB.js」という名前で新しくファイルを作成してください。そして以下のコードを記述しましょう。

リスト7-45 応答

initialBoardDB.jsのソースコード

```
const sqlite3 = require('sqlite3');
```

```javascript
const { open } = require('sqlite');

// テーブルの初期化
async function initializeDB() {
  // データベースの接続
  const db = await open({
    filename: 'database.db',
    driver: sqlite3.Database
  });

  // テーブルの作成
  await db.exec(`CREATE TABLE IF NOT EXISTS messages (
    id INTEGER PRIMARY KEY AUTOINCREMENT,
    username TEXT,
    message TEXT,
    timestamp TEXT,
    FOREIGN KEY(username) REFERENCES users(username)
  )`);

  await db.close();
}

initializeDB().then(() => {
  console.log('Database initialized');
}).catch((err) => {
  console.error('Error initializing database:', err);
});
```

　記述できたら、VSCodeのターミナルから「node initialBoardDB.js」を実行しましょう。これで「Database initialized」と表示されたら、messagesテーブルが問題なく作成されています。

　ここで実行している処理は、先にmy_tableの初期化用に作ったinitialDB.jsのコードとほぼ同じです（シード作成の処理がないだけです）。initialDB.jsのコードを良く理解すれば、今回のコードもよく理解できますよ。

図7-13 node initialBoardDB.jsを実行する。

Chapter-7 | データベースを使おう

board.jsをSQLite3使用に書き換える

では、コードを修正しましょう。メッセージボードのデータを管理しているのは、board.jsです。このコードを書き換えれば、SQLite3を利用する形に変更できます。

では、「routes」内のboard.jsの内容を以下に書き換えてください。

リスト7-46 応答

/routes/board.jsのソースコード

```javascript
const express = require('express');
const router = express.Router();
const sqlite3 = require('sqlite3');
const { open } = require('sqlite');

// データベースの接続
async function connectToDB() {
  const db = await open({
    filename: 'database.db',
    driver: sqlite3.Database
  });
  return db;
}

// メッセージボード
router.get('/', (req, res) => {
  if (req.session.user) {
    res.render('board', {
      username: req.session.user.username
    });
  } else {
    res.redirect('/login.html');
  }
});

// メッセージを取得するエンドポイント
router.get('/messages', async(req, res) => {
  const db = await connectToDB();
  const rows = await db.all('SELECT * FROM messages JOIN users ON ↵
  messages.username = users.username ORDER BY messages.timestamp ↵
   DESC LIMIT 20;');
  res.json(rows);
});

// 新しいメッセージを投稿するエンドポイント
```

310

SQL版のメッセージボードを作る | 7-3

```javascript
router.post('/messages', async(req, res) => {
  const { message } = req.body;
  const username = req.session.user.username;
  const timestamp = new Date().toISOString();

  const db = await connectToDB();
  const query = 'INSERT INTO messages (username, message, timestamp) ⏎
    VALUES (?, ?, ?)';
  await db.run(query, [username, message, timestamp]);
  res.json({ msg: "OK." });
});

module.exports = router;
```

これで、SQLite3を利用してメッセージボードが動くようになります。実際にコードを書き換えたら、login.htmlにアクセスしてログインし、新しいメッセージボードが使えるかどうか確認しましょう。

レコードの取得

ここでは、router.get('/messages', 〜のコールバック関数で、すべてのレコードの取得を行っています。ただし、実は本当に「すべてのレコード」を取り出してはいません。レコード取得の部分を見てみましょう。

```sql
SELECT * FROM messages JOIN users ON messages.username = users.username ORDER
BY messages.timestamp DESC LIMIT 20
```

見たことのない単語がたくさん出てきました。まず、「JOIN users ON messages.username = users.username」というのを見てください。これは、このmessagesテーブルにusersテーブルのレコードをくっつけるためのものです。messagesのusernameと、usersのusernameが同じものを探して、messagesのレコードに追加するのです。これにより、messagesのRecordを投稿したユーザーの情報も得られるようになります。

その後にもいろんなものが書かれていますね。これらも簡単に整理しましょう。

```sql
ORDER BY timestamp DESC
```

この「ORDER BY」は、レコードをソートするためのものです。ORDER BYの後に、ソートの基準となる項目名を指定し、その後に「ASC（昇順）」または「DESC（降順）」をつけます。今回は、「timestampの項目を基準に、降順（大きいものから順）」でレコードを並べ替え

311

Chapter-7 | データベースを使おう

て取り出しています。これにより、もっとも新しい投稿から順にレコードが並べ替えられます。

```
LIMIT 20
```

この「LIMIT」は、指定した数だけレコードを取り出すためのものです。LIMIT 20とすることで、最初から20個だけレコードを取り出します。

```
OFFSET 整数
```

これはここでは使っていませんが、LIMITとあわせて覚えておくとよいでしょう。これは、レコードの取得位置を移動するためのものです。例えば、「OFFSET 10」とすれば、最初の10個を飛ばし、11個目からレコードを取り出します。

レコードの追加

レコードの追加を行っているのが、router.post('/messages', ～のコールバック関数です。ここでは、以下のようにして実行するSQLクエリを作成しています。

```
const query = 'INSERT INTO messages (username, message, timestamp) VALUES (?,
?, ?)';
```

messagesに3つの値を指定してレコードを追加するようになっていますね。後は、これをdb.runで実行するだけです。

```
await db.run(query, [username, message, timestamp]);
```

これでレコードが追加されました。

メッセージボードでは、20個のメッセージを表示するようにしていますが、レコードの削除は行っていません。レコードを取り出す際に、最近のものから20個を取り出すようにしているので、古いものを削除する必要はないのです。

クライアント用JavaScriptを修正

これでメッセージボードの修正はできました。が、もう一つだけ修正をしておきましょう。それは、クライアント側のJavaScriptです。「public」内の「javascripts」内にあるboard.jsを開き、その中のfetchMessages関数を以下のように修正します。

リスト7-47 /public/javascripts/board.js

```javascript
// メッセージをサーバーから取得して表示
const fetchMessages = async () => {
  try {
    const response = await fetch('/board/messages');
    const messages = await response.json();
    messagesList.innerHTML = '';
    messages.forEach(message => {
      const li = document.createElement('li');
      li.classList.add('message');
      li.innerHTML = `<strong>${message.username}
        [${message.email}]
        </strong>: ${message.message} <br>
        <span class="timestamp">
        ${new Date(message.timestamp)
          .toLocaleString()}</span>`;
      messagesList.appendChild(li);
    });
  } catch (error) {
      console.error('Error fetching messages:', error);
  }
};
```

図7-14 各メッセージに、名前とメールアドレスが表示されるようになった。

　これで修正ができたら、アプリケーションを実行して動作を確かめましょう。メッセージを投稿すると、投稿者の名前だけでなく、メールアドレスも表示されるようになります。messagesとusersを連携することで、このように各メッセージを投稿したユーザーの情報も取り出せるようになるのです。

　これには、テーブルどうしを連携して動かす方法をしっかりと理解しないといけません。これぐらいになると、もう少しSQLをしっかり学習しないと難しいかも知れません。

　今回、messagesとusersの連携を試してみて、「テーブルどうしが関連付けできるとか

Chapter-7 | データベースを使おう

なり便利そうだ」ということはわかったでしょう。SQLは非常に奥が深いので、興味が湧いたら、それぞれでもう少しSQLについて学んでみてください。

SQL利用はAPI方式が便利！

今回、ログインシステムとメッセージボードを修正してみて、「思ったよりも簡単に、ファイルデータからデータベースに移行できた」と感じたかも知れません。これは、メッセージボードのシステムが最初からAPI方式で作られていたためです。

APIを作成し、WebページからAjaxでこれにアクセスして表示を行う。このやり方は、慣れないと難しく複雑そうに見えるかも知れません。しかし、クライアント側とサーバー側がきれいに分かれているため、今回のように機能の変更が簡単に行えます。

APIは、入力される情報と出力する情報が決まっていれば、その過程でどのような操作をしてもフロントエンドには全く影響を与えません。データのアクセス先がファイルだろうとデータベースだろうとネットワーク上のサイトだろうと、APIにアクセスする側は知る必要がないのです。

この章で、APIを利用したサーバー＆クライアント開発にだいぶ慣れてきたことでしょう。旧来のフォーム送信方式からAPI方式に多くのWebは移行しつつあります。「新しいサーバー送信の方式」として、API方式をぜひここでマスターしておいてください。

Chapter **8**

AIモデルを利用しよう

今の時代、AIが使えることは開発の必須条件です。ここでは「LM Studio」というツールを使い、オープンソースのAIモデルでAI利用のプログラムを作ってみましょう。使用するライブラリはOpenAI API用のものなので、この操作方法を覚えれば、同じやり方でOpenAIも使えるようになります。

Chapter 8 | AIモデルを利用しよう

8-1

Section

LM Studioを使おう

AI利用は「お金」がかかる？

ここまで、サーバー開発に必要な各種の機能について一通り説明をしてきました。最後に、今の時代では避けては通れない重要な技術の利用について説明をしましょう。それは、「AI」です。

AIは、もうなくてはならない技術となっています。さまざまなプログラムで、AIを利用した機能が組み込まれるようになっています。これからプログラムの作成を行うなら、AIの使い方ぐらいは知っておきたいものですね。

自分のプログラムからAIの機能を利用するには、どうすればいいのでしょうか。これは、AIのAPIを利用することになります。多くのAIを開発している企業では、開発者向けにAPIとライブラリを公開しています。こうしたものを利用して、自分のプログラムの中からAIのAPIにアクセスし、応答を得られるようになっているのです。

ただし！ こうしたAPIの利用は、タダではできません。ChatGPTを提供するOpenAI、Geminiを提供するGoogle、Claudeを提供するAnthropicなど、多くのAIモデルを開発している企業がAPIとライブラリを公開していますが、無料で使えるところはありません。AIの利用には、お金がかかるのです。

もちろん、既に開発のプロジェクトがあり、AIを組み込んで使うことが決定しているなら、多少の出費を覚悟してこうした企業のAPIを利用すればいいでしょう。けれど、まだ学習の段階から「AIを使うならアカウント登録してお金を払え」といわれると、ちょっと怯んでしまいますね。

実際に利用すればわかりますが、アプリの開発や学習程度なら、かかる費用はせいぜい月に数ドル程度ですから、そこまで費用を心配することはありません。が、「アカウント登録してクレジットカードを登録して有料で利用する」というのは、ハードルが高いのは確かです。

「実際に試して、ちゃんと使いこなせるのがわかっていればやる価値はあるけど、自分に使いこなせるかどうかわからないのにお金を出すのはちょっと……」

そう考えている人は、案外多いんじゃないでしょうか。

オープンソースのAIを使おう

実をいえば、タダでAIを利用する方法もあるのです。それは、「オープンソースのAI」を利用するのです。

AIというと、ChatGPTのように有料でサービスを提供しているもののイメージが強いでしょうが、実をいえば無料で公開されているAIというのもあります。こうしたオープンソースのAIは、研究や学習のために広く利用されているのです。

オープンソースですから、個人で利用するなら全くの無料で使えます。ただし、オープンソースのAIは、AIモデルや各種のファイル類がそのまま公開されていて「誰でも使っていいよ」となっているため、AIの扱いに慣れていないと何をどうすればいいのかわからないでしょう。

そこで、オープンソースAIを簡単に使えるようにするツールを用意することにしましょう。

LM Studioを用意しよう

今回、使うのは「LM Studio」というツールです。これは、オープンソースのAIをダウンロードし、その場で動かしてチャットしたりできるものです。

ただチャットをするだけではありません。このLM Studioの利点は、「AIモデルをローカルサーバーで公開できる」という点にあります。つまり、ChatGPTなどの商業AIモデルと同じように、プログラムからサーバーにアクセスしてAIを利用できるようになっているのです。

さらに、このLM Studioのローカルサーバーは、ChatGPTの開発元であるOpenAIのライブラリをそのまま使うことができます。従って、LM Studioのローカルサーバーを使ってAIを利用するコードを作成しておけば、後でOpenAIのAPIを利用するようになっても、コードはほとんどそのまま(URLとAPIキーを書き換えるだけ)利用することができるのです。感覚的に「OpenAIのAPIを利用したい人のお試し版」として使えるのですね。

このLM Studioは、以下のURLで公開されています。

https://lmstudio.ai/

このページにある「Download LM Studio for XXX」(XXXはプラットフォーム名)というボタンをクリックしてインストーラーをダウンロードしてください。そしてこれを起動すれば、LM Studioをインストールできます。

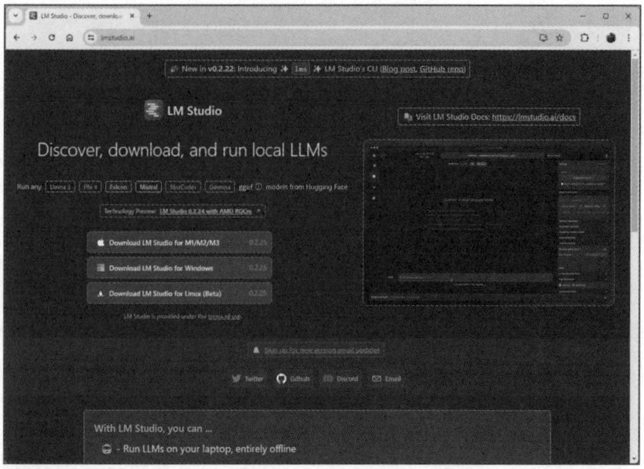

Chapter-8 AIモデルを利用しよう

図8-1　LM StudioのWebサイト。専用インストーラーをダウンロードできる。

LM Studioを起動する

インストールしてLM Studioが使えるようになったら、さっそく起動してみましょう。LM Studioのウィンドウは、左端に表示を切り替えるアイコンバーがあり、選択したアイコンの表示がウィンドウに現れるようになっています。デフォルトでは「Home」画面が表示されています。この画面では、上部にAIモデルを検索する検索フィールドがあり、その下にはメジャーなAIモデルの紹介がカードの形で表示されています。ここで、どんなAIモデルがあるのか、ざっと目を通しておくとよいでしょう。

図8-2　LM Studioの画面。デフォルトでは「Home」画面が表示される。

Gemmaについて

今回、利用するのは、「Gemma」というAIモデルです。

Gemmaは、Googleが開発するオープンソースモデルです。Googleといえば、Gemini を開発して商業利用を推し進めていますが、このGeminiの開発で培われた技術を元に作成 されたオープンソースモデルがGemmaです。Geminiがマルチモーダル（テキストだけで なくさまざまなメディアを扱える）であるのに対し、Gemmaはテキストベースの処理だけ に限定されているなど違いはありますが、AIチャットして利用するだけなら十分な性能を 備えています。

Geminiを実行するには巨大なデータセンターが必要ですが、Gemmaは非常に軽量であ り、数GBのサイズしかなくパソコンでも十分に動きます。また、オープンソースのモデル は多くが英語のみで日本語に対応していないのですが、Gemmaは標準で日本語に対応して います。LM Studioで使えるオープンソースモデルの中では、Gemmaはもっとも使える モデルと言えるでしょう。

Gemmaを検索しよう

では、ウィンドウの上部に見える検索フィールドに「gemma」とタイプし、Enterで実行 してください。Gemmaが多数検索されます。検索結果は、左側に一覧リストとして表示さ れ、その中から項目を選択すると、その内容が右側に表示されるようになっています。

たくさんのGemmaが見つかりますが、これはGemmaがオープンソースであるため、 Gemmaをベースにカスタマイズしたものなどが多数存在するからです。

では、左側のリストから「lmstudio-ai/gemma-2b-it-GGUF」という項目を探してくださ い。これは、LM Studioの開発元がLM Studio用に用意したGemmaモデルです。これを 選択すると、右側に以下の2つの項目が表示されます。

```
gemma-2b-it-q4_k_m.gguf
gemma-2b-it-q8_0.gguf
```

これは、Gemmaのもっとも小さいモデルで、1.5GBのものと2.65GBのものが用意さ れています。もう少し性能の良いモデルとして、「mlabonne/gemma-7b-it-GGUF」とい うものも検索されているでしょう。こちらは3.5GB～35GBまで多数のものが用意されて います。

とりあえず、このどちらかにあるものを使いましょう。使いたい項目の右端にある 「Download」ボタンをクリックすれば、モデルをダウンロードできます。

AIモデルは、サイズが大きくなるほど性能も向上しますが、モデルをメモリに読み込ん で動かすため、大きくなるほど使用するメモリサイズが増加します。それぞれのパソコンの

環境にあわせて使いやすいものを利用してください。大きすぎてメモリが不足すると正常に動作しないので、まずは小さいモデルからダウンロードして使ってみるとよいでしょう。

図8-3 gemmaを検索すると結果が一覧リストで表示される。

ダウンロードされたモデルの管理

モデルは、いくつでも必要なだけダウンロードできます。Gemmaだけでなく、他にも日本語が使えるモデルはいくつもありますから、それぞれで調べて面白そうなモデルをダウンロードしておくとよいでしょう。

ダウンロードされたモデルは、左側に見えるアイコンバーの「My Models」(フォルダーのアイコン)で管理できます。アイコンをクリックすると、ダウンロードされたAIモデルがリスト表示されます。各項目の右端にあるゴミ箱のアイコンをクリックすると、そのモデルを削除できます。使ってみて「これはダメだ」というモデルはこのゴミ箱アイコンで削除しましょう。

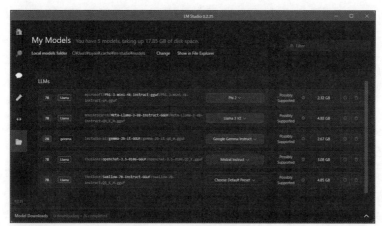

図8-4 「My Models」の画面。ダウンロードしたモデルがリスト表示される。

Gemmaでチャットする

では、ダウンロードしたGemmaを使ってみましょう。左側に見えるアイコンバーから、「AI Chat」のアイコンをクリックして表示を切り替えてください。

この画面は、大きく3つの部分で構成されています。簡単に説明しておきましょう。

左側のエリア	実行したチャットの履歴が表示されます。
中央のエリア	プロンプトを送信し、AIとチャットします。
右側のエリア	モデルの設定を行います。

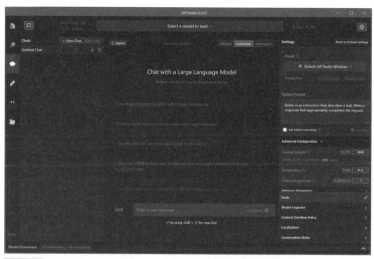

図8-5 「AI Chat」の画面。3つのエリアで構成されている。

モデルを選択する

このAIチャットを利用するには、使用するモデルを選択しないといけません。中央エリアの上部に見える「Select a model to load」という表示をクリックすると、ダウンロードして利用可能なモデルがプルダウンして表示されます。ここから、ダウンロードしたGemmaを選択してください。これで、選択したモデルがメモリにロードされ、利用可能になります。モデルのロードには若干時間がかかりますから完了するまで待ちましょう。

図8-6 「Select a model to load」から使用するモデルを選ぶ。

チャットをしよう！

モデルがロードされたら、もうチャットが行えます。中央エリアの下部にあるプロンプトの入力フィールドにテキストを記入し、Enterしてください。これで記入したプロンプトが送信されます。

図8-7 フィールドにプロンプトを記入し、Enterする。

AIモデルから応答が出力されていきます。Gemmaのもっとも軽量なモデルなら、それほど待つことなく出力されるでしょう。ただし、ChatGPTやGeminiなどの商業AIチャットに比べると、かなりゆっくりでしょう（強力なGPUが搭載されていればそこそこ速いはずです）。パソコンで動いてますので、どうしても動作速度はある程度遅くなります。しかし、Gemmaの軽量モデルなら、十分使える速度で動作するでしょう。

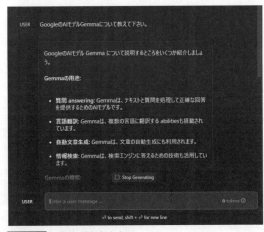

図8-8 応答が出力される。

ローカルサーバーを使う

　これで、Gemmaを使ってチャットするという基本はできました。では、このGemmaをプログラム内から利用できるようにしましょう。

　これは、既に触れましたがローカルサーバーを使います。左側のアイコンバーから「Local Server」(「←→」というアイコン)をクリックし、表示を切り替えてください。

　「Local Server」の画面には、さまざまなものが表示されています。いちばん重要なのは、左上にある「Local Inference Server」というエリアの「Configuration」で、ここでサーバーの起動などの操作を行います。用意されている項目は以下になります。

Server Port	ローカルサーバーのポート番号を指定します。デフォルトでは「1234」になっています。
Cross-Origin-Resource-Sharing(CORS)	外部からのアクセスを制限するためのものです。
Verbos Server Logs	詳細なログ出力を行います。これをONにすると詳しいログ出力がされますが、その反面、実行速度はかなり遅くなります。
Apply Prompt Formatting	プロンプトをフォーマットします。

　これらの項目の下に「Start Server」というボタンがあり、このボタンをクリックするだけでローカルサーバーが起動します。

　起動後の実行内容は、下部に表示されている「Server logs」というところに出力されます。サーバーを起動し、プログラムからアクセスすると、ここにアクセス状況が出力されていきます。

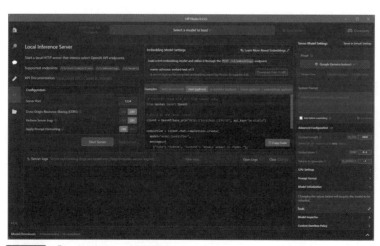

図8-9　「Local Server」の画面。

モデルを選択する

では、ローカルサーバーを起動しましょう。上部の「Select a model to load」をクリックしてモデルを選択するか、既に選択されている場合は「Configuration」にある「Start Server」ボタンをクリックしてください。選択したモデルがローカルサーバーとして起動します。

ここでは、「Configuration」の設定は、以下のようにしておきます。

Server Port	1234（デフォルトのまま）
Cross-Origin-Resource-Sharing	OFF
Verbos Server Logs	OFF
Apply Prompt Formatting	ON

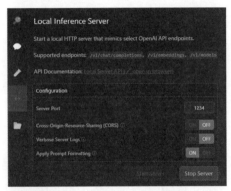

図8-10　ローカルサーバーを起動する。Configurationで設定を確認しておく。

起動すると、下部のServer logsのところに実行状況が逐一出力されていきます。プログラムからアクセスすると、ここにアクセス状況が表示されます。動作の確認のために、このServer logsの内容を常に確認するようにしましょう。

図8-11　Server logsにサーバーの利用状況が出力される。

さあ、これでAIモデルを利用する準備が整いました。後は、OpenAIのライブラリを使ってローカルサーバーにアクセスするコードを作成し、実際にプログラム内からAIを利用するだけです。

Chapter 8 AIモデルを利用しよう

8-2
Section

OpenAIパッケージを利用する

OpenAIパッケージをインストールする

では、ローカルサーバーにアクセスして、AIモデルを利用してみましょう。これはどういうやり方をするのでしょうか。AIに聞いてみましょう。

リスト8-1 プロンプト

Node.jsでOpenAIパッケージを使い、LM Studioのローカルサーバーにアクセスするには?

リスト8-2 応答

Node.jsでOpenAIパッケージを使ってLM Studioのローカルサーバーにアクセスするには、以下の手順を実行します:

1. まず、OpenAIパッケージをインストールします:

```
npm install openai[b]
```

この後にズラッとサンプルコードが出力されたので、とりあえずここまでで止めておきます。

既に触れたように、LM Studioのローカルサーバーを利用するには、OpenAIが提供するパッケージを利用します。VSCodeのターミナルから、以下を実行してください。

```
npm install openai
```

これで、OpenAIパッケージがプロジェクトにインストールされます。

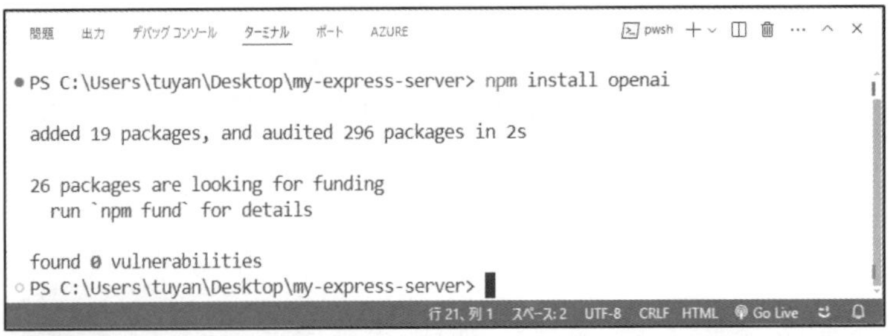

Chapter-8 | AIモデルを利用しよう

図8-12　npm installでOpenAIパッケージをインストールする。

OpenAIパッケージの基本

では、インストールしたOpenAIパッケージを利用してどのようにアクセスをするのでしょうか。AIからの応答では、いきなりサンプルコードが表示されました。

リスト8-3 応答

2. 次に、OpenAIクライアントを設定し、LM Studioのローカルサーバーに接続するコードを作成します：

```javascript
const OpenAI = require('openai');

const openai = new OpenAI({
  apiKey: 'dummy', // LM Studioではダミーの値
  baseURL: 'http://localhost:1234/v1', // LM Studioローカルサーバー
});

async function chatWithLocalLLM(input) {
  try {
    const response = await openai.chat.completions.create({
      model: 'local-model', // LM Studioで選択したモデル名
      messages: [
        { role: 'system', content: 'You are a helpful assistant.' },
        { role: 'user', content: input }
      ],
    });

    console.log(response.choices[0].message.content);
  } catch (error) {
    console.error('Error:', error);
  }
}
```

```
// 使用例
chatWithLocalLLM('Hello, how are you?');
```

このコードを実行する前に、以下の点に注意してください：

- LM Studioでローカルサーバーを起動し、サーバーのアドレスとポート番号を確認してください。通常は `http://localhost:1234` ですが、異なる場合は `baseURL` を適切に変更してください。
- `model` パラメータには、LM Studioで選択したモデル名を指定します。
- LM Studioのローカルサーバーは認証を必要としないため、`apiKey` にはダミーの値を設定します。
- エラーが発生した場合は、LM Studioのサーバーが正しく起動しているか、ネットワーク設定に問題がないかを確認してください。

このコードを実行すると、LM Studioのローカルサーバーで動作しているLLMモデルとチャットができます。応答はコンソールに出力されます。

なお、LM Studioの使用にあたっては、十分なコンピューティングリソース（特にメモリ）が必要です。選択するモデルのサイズによっては、高性能なマシンが必要になる場合があります。

サンプルコードを見て理解しろ、ということのようですが、いきなりコードを見せられても今ひとつよくわからないでしょう。が、ポイントは整理できました。以下のことを頭に入れておく必要があるのですね。

- サーバーのアドレスとポート番号を確認すること。
- modelパラメータに、選択したモデル名を指定すること。
- apiKeはダミーの値でいい。
- エラーが発生したら、サーバーが正しく動いているか確認。

これらは、OpenAIでLM Studioのローカルサーバーにアクセスする際の基本チェック項目ということで頭に入れておいてください。

OpenAIオブジェクトの作成

では、コードの内容をもう少し詳しく説明していきましょう。まず最初に、OpenAIのモジュールを読み込み、利用できるようにします。

```
const OpenAI = require('openai');
```

Chapter-8 | AIモデルを利用しよう

これで、OpenAIにOpenAIのモジュールが読み込まれました。これはクラスになっており、newでインスタンスを作成して利用します。これは以下のように行います。

```
変数 = new OpenAI({
  apiKey:キー,
  baseURL: アドレス,
});
```

new OpenAIでインスタンスを作成します。引数には、設定情報をまとめたオブジェクトが用意されます。ここには以下の2つの項目を記述します。

apiKey	API利用の際に使われるキーです。OpenAIでは、ユーザーごとにAPIキーが割り当てられ、このキーを使って誰がAPIにアクセスしているかを識別します。LM Studioを利用する場合、このAPIキーは不要ですので、空でも適当な値でも何でも構いません。
baseURL	APIが公開されているベースのURLです。これは、OpenAI API以外のAPIにアクセスする際に必要となります。ローカルサーバーは、http://localhost:1234/v1 となります。最後に /v1 というようにしてバージョンを指定するのを忘れないでください。

これで、OpenAIインスタンスが作成されます。このオブジェクトを使ってAIへのアクセスを行います。

AIチャットに送信する

AIチャットへの送信は、OpenAIのchat.completionsというプロパティにあるオブジェクトから「create」というメソッドを呼び出して行います。これは以下のように実行します。

```
《OpenAI》.chat.completions.create({
  model: モデル名,
  messages: [ メッセージ ],
});
```

modelにはモデル名を文字列で指定します。これは、使用するモデルごとに異なるので、使用するモデルごとに確認をする必要があります。

このcreateメソッドは非同期です。従って、thenで結果を受け取り処理するか、awaitで戻り値を受け取るかして利用します。

もう1つのmessagesは、送信するメッセージを配列にまとめたものです。チャットは、

それまでのやり取りを保持する形で応答が作成されますが、これはmessagesにそれまでのやり取りをすべてまとめて送信しているからなのです。

このメッセージは、以下のようなオブジェクトとして用意されます。

●メッセージのオブジェクト

```
{ role:ロール, content: プロンプト }
```

roleには、そのメッセージに割り当てられる役割（送信者と考えていいです）を示す値を指定し、contentに送信するプロンプトを文字列で指定します。roleに指定できる値には以下のものがあります。

●ロールの種類

system	システムに設定されるプロンプトを送るためのもの
user	ユーザーが送信するプロンプト
assistant	AIが返す応答

単に、AIにプロンプトを送るだけなら、userロールのメッセージを1つ用意するだけで十分です。AIに特定の役割などを与えたいような場合は、systemロールにその内容を指定し、その後にuserロールでプロンプトを送ればいいでしょう。assitantは、ユーザーとAIのやり取りの履歴を用意したい場合に用いられます。

AIからの戻り値

AIに送信すると、ローカルサーバーからAIの応答が返されます。AIが生成したサンプルコードでは、戻り値から以下のように応答のメッセージを出力していました。

```
console.log(response.choices[0].message.content);
```

戻り値（response）の中に、かなりいろいろな情報が保管されていることが想像できますね。実際に返される値がどのようになっているかというと、こんな形になっているのです。

リスト8-4
```
{
    id: 応答のID,
    object: 'chat.completion',
    created: タイムスタンプ,
```

```
  model: モデル名,
  choices: [
    {
      index: インデックス,
      message: {
        role: ロール,
        content: メッセージ
      },
      finish_reason: 'stop'
    }
  ],
  usage: {
    prompt_tokens: 整数,
    completion_tokens: 整数,
    total_tokens: 整数
  }
}
```

　かなり多くの情報が構造的にまとめられていることがわかるでしょう。これらの内、AI からの応答は「choices」というところに保管されています。これは配列になっており、配列 にまとめられているオブジェクトの「message」というところに、メッセージのオブジェク トが保管されています。ここからcontentの値を取り出せば、応答のメッセージが得られ るのです。

　非常に複雑な形をしているので、応答がどこにあるのか、きちんと把握しておくようにし てください。

AIにアクセスするWebページを作る

　OpenAI APIにアクセスする基本的な流れが頭に入ったら、実際にAIを利用するプログ ラムを作ってみましょう。以下のようにAIに質問を送ってみます。

リスト8-5 プロンプト

Expressで、AIモデルを利用するプログラムを作成してください。仕様は以下の通りです。

- 作成するWebページには、プロンプトを送信するためのフォームを用意する。
- サーバー側では、OpenAIパッケージを使ってAIモデルにプロンプトを送り、応答を得る APIを用意する。
- Webページのフォームからは、fetchを利用してAPIにアクセスし、応答を取得し表示する。

OpenAIパッケージを利用する | 8-2

　生成されたコードを元に、例によって本アプリ用にコードをアレンジしたものを掲載していきます。

　今回は、/aiというパスにAIアクセスのページを用意することにします。そのためのルート設定は、「routes」内に「ai.js」というファイルとして用意することにしましょう。
　まずは、app.jsにルート設定のファイルを組み込むコードを追記しておきます。app.use('/db', dbRouter);の下あたりに以下のコードを追記しましょう。

リスト8-6 app.jsに追記

```
var aiRouter = require('./routes/ai');
app.use('/ai', aiRouter);
```

　これで、/aiというパスに「routes」内のai.jsが割り当てられます。

aiのルート設定を作る

　では、/aiに割り当てるルート設定を作成しましょう。「routes」内に、新たに「ai.js」という名前でファイルを作成してください。そして以下のようにコードを記述します。
　なお、ここでは、LM Studioの「lmstudio-ai/gemma-2b-it-GGUF」というモデルを利用している前提でコードを記述してあります。それ以外のモデルを利用する場合は、// ☆のモデル名を修正してください。

リスト8-7 応答

/routes/ai.jsのソースコード

```
var express = require('express');
var router = express.Router();
const OpenAI = require('openai');

const openai = new OpenAI({
  apiKey: 'dummy',
  baseURL: 'http://localhost:1234/v1',
});

// AIにメッセージを送信する
async function chatWithLocalLLM(input) {
  try {
    const response = await openai.chat.completions.create({
      model: 'lmstudio-ai/gemma-2b-it-GGUF', // ☆
      messages: [
        { role: 'system', content: 'あなたは有能な日本語アシスタントです。' },
```

```
        { role: 'user', content: input }
      ],
    });
    return response.choices[0].message.content;
  } catch (error) {
    console.error('Error:', error);
    return error;
  }
}


// ルートハンドラー
router.get('/', (req, res) => {
  res.render('ai');
});


// プロンプトを送信
router.post('/', async(req, res) => {
  let prompt = req.body.prompt;
  const result = await chatWithLocalLLM(prompt);
  res.send(result);
});


module.exports = router;
```

　ここでは、router.get('/', ～のコールバック関数で、res.render('ai'); を実行しています。
これにより、/aiにアクセスしたら、/views/ai.ejsというテンプレートファイルがレンダ
リングされ表示されるようになります。他、router.post('/', ～のコールバック関数で、/ai
にPOST送信されたときの処理を用意しています。

chatWithLocalLLM 関数の処理

　ここでは、AIモデルへのアクセスを「chatWithLocalLLM」という関数にまとめています。
ここでは、以下のような形でチャットに送信をしています。

```
const response = await openai.chat.completions.create({
  model: 'lmstudio-ai/gemma-2b-it-GGUF',
  messages: [
    { role: 'system', content: 'あなたは有能な日本語アシスタントです。' },
    { role: 'user', content: input }
  ],
});
```

messageには、2つのメッセージを用意していますね。1つ目は'system'ロールで、これによりシステム設定の情報を用意しています。そして、実際のプロンプトの送信は、2つ目の'user'ロールで用意しています。

後は、受け取った戻り値から応答のメッセージを取り出して返すだけです。

```
return response.choices[0].message.content;
```

戻り値から必要な値を取り出すのがちょっと面倒ですが、書き方さえわかっていれば、それほど難しいものではありません。

テンプレートの作成

では、/aiにアクセスすると表示されるWebページを作りましょう。まずはテンプレートファイルを用意します。「views」内に「ai.ejs」という名前でファイルを作成してください。そして、以下のようにコードを記述します。

リスト8-8 応答

/views/ai.ejsのソースコード

```html
<!DOCTYPE html>
<html lang="ja">
<head>
  <meta charset="UTF-8">
  <meta name="viewport"
    content="width=device-width, initial-scale=1.0">
  <title>AI</title>
  <link rel="stylesheet" href="/stylesheets/style.css">
</head>
<body>
  <div class="container">
    <h1>AI Access</h1>
    <p class="ai_result" id="result">プロンプトを書いて送信</p>
    <input type="text" id="prompt"
      placeholder="Enter prompt" required>
    <button id="submitBtn">Post Message</button>
  </div>
  <script src="/javascripts/ai_script.js"></script>
</body>
</html>
```

Chapter-8 | AIモデルを利用しよう

ここでは、プロンプトを入力するフィールドとして、id="prompt"の<input type="text">を用意してあります。また送信ボタンは、id="submitBtn"を指定してあります。

実際の送信処理は、<script>で読み込んでいる/javascripts/ai_script.jsで行うことになります。

クライアント側のJavaScriptコード

では、クライアント側のJavaScriptコードを作りましょう。「public」内の「javascripts」内に、新しく「ai_script.js」という名前のファイルを作成してください。そして、以下のようにコードを記述しましょう。

リスト8-9 応答

/public/javascripts/ai_script.jsのソースコード

```javascript
const prompt_element = document.getElementById('prompt');
const result_element = document.getElementById('result');
const submitBtn = document.getElementById('submitBtn');

async function accessToAI() {
  const prompt = prompt_element.value;
  result_element.textContent = 'wait...';
  const response = await fetch('/ai', {
    method: 'POST',
    headers: {
      'Content-Type': 'application/json'
    },
    body: JSON.stringify({ prompt })
  });
  const result = await response.text();
  result_element.textContent = result;
}

submitBtn.addEventListener('click', async (event) => {
  await accessToAI();
});
```

334

図8-13 プロンプトを書いてボタンを押すと、AIの応答が表示される。

　これで完成です。実際にアプリを実行し、/aiにアクセスしてみましょう。プロンプトを入力するフィールドが表示されます。ここに質問文を記述し、ボタンをクリックすると、サーバーにアクセスしてAIからの応答を取得し、フィールドの上に表示します。

　ここでは、fetchを使い、/aiに以下のようにPOST送信しています。

```
const response = await fetch('/ai', {
  method: 'POST',
  headers: {
    'Content-Type': 'application/json'
  },
  body: JSON.stringify({ prompt })
});
```

　これでAPIから応答が返されます。受け取ったResponseからテキストを取り出し、id="result_element"のエレメントに表示をします。

```
const result = await response.text();
result_element.textContent = result;
```

　これで、AIモデルにプロンプトを送って応答を表示する、という一連の処理が完成です。実際にAIを利用しているのはAPIだけで、フロントエンドではこれまで作成してきたようにAPIにfetchでアクセスしているだけです。このあたりの処理は、もう何度も作成してきたので、だいぶわかるようになっているでしょう。

Chapter-8 | AIモデルを利用しよう

AIモデルのパラメータについて

これで、AIモデルにプロンプトを送る基本はだいたいわかりました。では、もう一歩進めて、「AIモデルにパラメータを設定する」ということを考えてみましょう。

AIモデルには、さまざまなパラメータが用意されています。パラメータの値を調整することで、生成される応答に影響を与えることができます。では、どんなパラメータがあってどういう働きをするのか、調べてみましょう。

AIに、先ほど作成したchatWithLocalLLMをペーストし、質問してみましょう。

リスト8-10 プロンプト

```
async function chatWithLocalLLM(input) {…略…}
```

このコードを、chat.completions.createで使えるすべてのパラメータを使用するように書き換えてください。

すると、以下のようなコードを作成してくれました。これが、すべてのパラメータを設定したコードになります。

リスト8-11 応答

/routes/ai.jsを修正する

```
async function chatWithLocalLLM(input) {
  try {
    const response = await openai.chat.completions.create({
      model: 'lmstudio-ai/gemma-2b-it-GGUF',
      messages: [
        { role: 'system', content: 'あなたは有能な日本語アシスタントです。' },
        { role: 'user', content: input }
      ],
      temperature: 0.7, // 応答のクリエイティビティ制御
      top_p: 1, // トークン選択の確率分布のカットオフ
      n: 1, // 応答の数
      stop: null, // 応答の終了条件
      max_tokens: 150, // 生成トークンの最大数
      presence_penalty: 0, // 新しいトピック導入の抑制
      frequency_penalty: 0, // 同じフレーズの繰り返し抑制
      logit_bias: {}, // トークンの出現確率の調整
      stream: false, // ストリーミングモード
      user: 'user-id-123' // ユーザーID
    });
```

```
        return response.choices[0].message.content;
    } catch (error) {
        console.error('Error:', error);
        return error;
    }
}
```

　見ればわかるように、createメソッドの引数のオブジェクトに、パラメータの設定が追加されています。わかりやすく整理すると、このようになっているのですね。

```
openai.chat.completions.create({
    model: モデル名,
    messages: [ メッセージ ],
    パラメータ1: 値1,
    パラメータ2: 値2,
    ……略……
});
```

　modelやmessagesと同様に、パラメータをキーにして値を用意していけばいいのですね。問題は、どんなパラメータがあるのか？ ということでしょう。

利用可能なパラメータ

　では、どのようなパラメータが用意されているのでしょうか。また、それぞれの働きがどういうものなのでしょうか。AIに質問してみましょう。

リスト8-12 パラメータ

使われている個々のパラメータの働きについて、小学生でもわかるように説明してください。

リスト8-13 応答

もちろんです！以下は、小学生にもわかるように、各パラメータの働きを簡単に説明したものです。

temperature（温度）:
説明： 答えがどれだけユニーク(違ったもの)になるかを決めます。値が高いほど、もっと変わった答えが出ます。温度を高くすると、面白い答えが返ってくることが多いです。低くすると、もっとまじめな答えになります。

top_p:
説明： たくさんの答えの中から、どれだけの範囲を使って答えを選ぶかを決めます。1に近いほど、幅広い答えが出ます。1だといろんな答えが出るし、0.1だと特に選ばれた答えが出ます。

n:

説明： 一度にいくつの答えをもらうかを決めます。nが2だと、アシスタントは2つの答えを教えてくれます。

stream（ストリーム）:

説明： 答えが一気に出てくるか、少しずつ出てくるかを決めます。「ストリーミング」をオンにすると、アシスタントが少しずつ話し始めます。

stop（ストップ）:

説明： 答えがどこで止まるかを決めるための特別な言葉(トークン)です。例えば、「おしまい」って言ったら、そこで答えが終わる、といったことができます。

max_tokens（最大トークン数）:

説明： アシスタントが一度にどれだけ長く答えられるかを決めます。例えば、150にすると、短めの答えになります。

presence_penalty（存在ペナルティ）:

説明： アシスタントが新しい話題を出すのをどれくらい抑えるかを決めます。数が大きいほど、新しい話題を出しにくくなります。ペナルティが高いと、同じ話題の中で答えを出そうとします。

frequency_penalty（頻度ペナルティ）:

説明： 同じことを何度も言うのをどれくらい抑えるかを決めます。数が大きいほど、繰り返しが少なくなります。ペナルティが高いと、アシスタントは同じことを繰り返さなくなります。

logit_bias（ロジットバイアス）:

説明： 特定の言葉がどれだけ使われるかを調整します。例えば、「犬」という言葉がもっと出るようにしたい場合、アシスタントバイアスを設定します。

user（ユーザー）:

説明： 誰が質問しているかを表す名前です。例えば「user-id-123」とすると、そのユーザーからの質問かをアシスタントが認識します。

　ずいぶんといろいろなパラメータが用意されていることがわかります。これらのすべてをすぐに理解する必要はありません。とりあえず、「これだけ知っていれば、より便利に使える」というものを押さえておきましょう。

max_tokens	「トークン」というのは、AIが分解した語の単位となるものです。これは、まぁ「単語」のことと考えていいでしょう（正確には違いますが）。これで最大数を指定することで、やたらと長い応答が吐き出されるのを防ぐことができます。
temperature	生成内容に関するパラメータで、一つだけ覚えておくとしたら、これです。この値を大きくするか小さくするかで、生成される応答の正確さ（＝デタラメさ）が変わります。

これだけで、「短く正確な応答」を作らせたり、「クリエイティブな饒舌なAI」にしたりできるわけです。

【応用】メッセージボードに下書き清書機能をつける

では、AIの機能をアプリの中で利用してみましょう。ここでは前に作成したメッセージボードの中でAIを使ってみます。

ここではメッセージを投稿するフィールドの上に、下書きのフィールドを追加します。そしてここに思いついたことを書いてEnterすると、それを元に丁寧な文をAIが作成して投稿欄に設定してくれます。

図8-14　下書きを書いてEnterすると、丁寧な文を生成してくれる。

AIモデルへのアクセスを追加する

では、メッセージボードを拡張しましょう。まずはルート設定の追加からです。「routes」内のboard.jsを開き、以下のコードをmodule.exports = router;の手前に追加してください。

リスト8-14 /routes/board.jsに追加

```
const OpenAI = require('openai');

const openai = new OpenAI({
  apiKey: 'dummy',
  baseURL: 'http://localhost:1234/v1',
```

Chapter-8 | AIモデルを利用しよう

```javascript
});

// AIにメッセージを送信する
async function chatWithLocalLLM(input) {
  try {
    const response = await openai.chat.completions.create({
      model: 'lmstudio-ai/gemma-2b-it-GGUF', //☆
      messages: [
        { role: 'system', content: `
          あなたは日本語の会話文を作成するアシスタントです。
          ユーザーの入力した文を元に丁寧な会話文を日本語で作成してください。
          「」、『』、"、'などの記号は使用しないでください。
          会話文以外の余計なことは書かないでください。
        ` },
        { role: 'user', content: input }
      ],
      temperature: 0.3,
    });
    return response.choices[0].message.content;
  } catch (error) {
    console.error('Error:', error);
    return error;
  }
}

// 下書きを投稿するエンドポイント
router.post('/prompt', async(req, res) => {
  const { prompt } = req.body;
  const result = await chatWithLocalLLM(prompt);
  res.json({ result });
});
```

　ここでは、先に作成したchatWithLocalLLM関数を使い、AIモデルにアクセスしています。router.post('/prompt', 〜というルートのコールバック関数からreq.body.promptの値を取得してchatWithLocalLLMを呼び出し、結果をres.jsonで返すだけのシンプルなものです。

テンプレートの作成

　続いて、フロントを修正します。まず、テンプレートからです。「views」内の「board.ejs」を開き、<body>の部分を以下のように修正してください。

340

OpenAIパッケージを利用する | 8-2

リスト8-15 /views/board.ejsの<body>

```html
<body>
  <h1>Message Board</h1>
  <h2>logined: [<%=username %>]</h2>
  <input type="text" id="prompt" placeholder="下書き">
  <form id="messageForm">
    <textarea id="messageInput" rows="3" required
      placeholder="Enter your message"></textarea>
    <div><button type="submit">Post Message</button></div>
  </form>
  <hr />
  <ul id="messages"></ul>
  <script src="/javascripts/board.js"></script>
</body>
```

　ここではid="messageInput"の入力欄を<textarea>に変更しました。そして id="prompt"の入力フィールドを追加しています。ここに下書きを入力します。

　入力欄を<textarea>に変更したので、そのためのスタイルシートも追記しましょう。「public」内の「stylesheets」内にあるboard_style.cssを開き、以下を追記してください。

リスト8-16 /public/stylesheets/board_style.cssに追加

```css
textarea {
  min-width: 300px;
  padding: 10px;
  margin:5px 5px 5px 0px;
}
```

フロントエンドのJavaScript

　残るは、フロントエンド側のJavaScriptコードです。テンプレートに追加した <input>で、Enterしたら/board/promptにアクセスしてAIからの応答を得るようにします。

　では「public」内の「javascripts」内からboard.jsを開き、以下のコードを追加してください。

リスト8-17 /public/javascripts/board.jsに追加

```javascript
const prompt_element = document.getElementById('prompt');

// プロンプトをサーバーに送信
prompt_element.addEventListener('keydown', async (event) => {
  if (event.key !== 'Enter') return;
  const prompt = prompt_element.value.trim();
```

341

```
    if (prompt === '') return;
    try {
      const response = await fetch('/board/prompt', {
        method: 'POST',
        headers: {
          'Content-Type': 'application/json'
        },
        body: JSON.stringify({ prompt })
      });
      if (response.ok) {
        const result = await response.json();
        messageInput.value = result.result;
      }
    } catch (error) {
      alert('Error:', error);
    }
});
```

　ここでは、入力フィールドに'keydown'というイベントの処理を割り当てています。これは、キーが押されたときのイベントです。この処理の中で、押されたキーがEnterなら処理を実行し、それ以外は何もしないで抜けるようにしています。

```
if (event.key !== 'Enter') return;
```

　これで、Enter以外は処理を抜けるようになります。後は、入力された値を取り出してfetchを実行し、/board/promptにアクセスしてAIからの応答を受け取るだけです。
　修正できたら、実際にメッセージボードにアクセスして下書き機能を使ってみてください。意外と便利に使える……かも？

限界を感じたら商業モデルへ！

　実際にいろいろ試してみると、けっこう変な文を生成することも多いでしょう。AIに自分が欲しい応答を作ってもらうには、一にも二にも「プロンプトの設計」です。希望した通りの応答を得るためにはどんなプロンプトを用意すればいいか。それによって、AIが生成する応答も変わるのです。
　今回は、以下のようなシステムプロンプトを設定しています。

> あなたは日本語の会話文を作成するアシスタントです。
> ユーザーの入力した文を元に丁寧な会話文を日本語で作成してください。
> 「」、『』、"、'などの記号は使用しないでください。

OpenAIパッケージを利用する | 8-2

> 会話文以外の余計なことは書かないでください。

　この後に、userロールのメッセージを追加することで、そのメッセージを丁寧な会話文に変換してくれます。といっても、Gemmaは商業ベースで使われているAIチャットほどの高品質な応答は期待できません。ある程度まともな返事が返ってくればOK、ぐらいに割り切って考えましょう。

　オープンソースのAIモデルは、商業利用されているものに比べるとやはり劣ります。思ったような応答が作成されないことはよくあるのです。ただ、「AIを利用した機能の実装」の学習には、これで十分役に立ちます。

OpenAI APIへの修正

　コードが一通り動くのを確認できたら、OpenAIに開発者としてアカウント登録し、OpenAIのGPT-4などの高性能モデルを使って動かすことを考えましょう。new OpenAIでインスタンスを作成するときのapiKeyに自身のAPIキーを指定し、baseURLを削除し、chat.completions.createメソッドのmodelをOpenAIのモデル名に変更すればいいのです。整理すると、こういうことです。

●OpenAIインスタンスの変更点

```
const openai = new OpenAI({
  apiKey: 'dummy',
  baseURL: 'http://localhost:1234/v1',
});
```

↓

```
const openai = new OpenAI({
  apiKey: 自身のAPIキー,
});
```

●chatWithLocalLLM関数の変更点

```
async function chatWithLocalLLM(input) {
  try {
    const response = await openai.chat.completions.create({
      model: 'lmstudio-ai/gemma-2b-it-GGUF', // 変更前
      ……略……
```

↓

343

Chapter-8 | AIモデルを利用しよう

```
async function chatWithLocalLLM(input) {
  try {
    const response = await openai.chat.completions.create({
      model: 'gpt-4o', // 変更後
      ……略……
```

　修正はたったこれだけです。後のコードは、LM Studioのローカルサーバー用に作成したものがすべてそのままOpenAI APIで動きます。

　LM Studioのオープンソースモデルを使って、さまざまなAI利用のプログラムを作成してみてください。オープンソースモデルでも、AIの機能を実装するテストはできます。そして「動作は問題ないけど、生成される応答の品質が低い」と感じたなら、そろそろ商業AIモデルへの移行の時期が来た、と考えればいいでしょう。

　OpenAIのAPI利用は以下のURLから開始できます。アカウントを登録すればすぐに使えるようになるので、興味を持った人はぜひ試してみてください。

https://openai.com/api/

Index

索 引

記号

<%= %>	160
<% %>	168
${}	37
.close	274
__dirname	116
.exec	273

A

Ajax	197
all	280
apiKey:	328
appendFile	76
appendFileSync	76
app.get	121
application/json	215
application/xml	224
app.set	150
app.use	135
async	97, 212
Asynchronous JavaScript and XML	198
AUTOINCREMENT	273
await	97, 211

B

baseURL:	328
body	215

C

chat.completions.create	328
ChatGPT	18
close	52
console.log	34
content:	329
Content-Type	109, 215
CORS	104
createInterface	51
createReadStream	86
createServer	108
CREATE TABLE	272
Cross-Origin Request Sharing	104

D

DB Browser for SQLite	275
DELETE FROM	293

"dependencies":	62
DOMParser	224

E

EJS	159
end	110
Express	119
express -e	143
Express Generator	142
express-session	243
express.static	135

F

fetch	91, 200
fetch API	199
forEach	44, 174
FOREIGN KEY	308
frequency_penalty	338
fs	70

G

Gemma	319
get	99
getElementsByTagName	225
GPT-3.5	18
GPT-4o	18

H

headers	215
http/https	99

I

IF NOT EXISTS	272
INSERT INTO	284
isNaN	45

J

JSON.parse	186

K

keyInSelect	66
keyInYN	66

L

LIMIT	312

345

索 引

listen 110, 121
LM Studio 317
Local Server 323
logit_bias 338

M

"main": 61
max_tokens 338
messages: 328
method 215
model: 328

N

n 338
NaN 45
Node.js 14
node_modules 62
NoSQL 264
npm audit fix --force 144
npm init -y 58
npm install 59

O

OFFSET 312
open 270
OpenAI 327
OpenAI パッケージ 325
ORDER BY 311

P

package.json 60
params 182
parseFromString 224
parseInt 41
path.join 116
POST メソッド 214
presence_penalty 338
PRIMARY KEY 273
process.argv 38
process.stdin 51
process.stdout 51
Promise 93

Q

query 124
question 52

R

readFile 80, 117
readFileSync 83
readline 50

readline-sync 60
ReadStream 86
REFERENCES 308
render 153
replace 140
Request 121
RequestListener 109
require 50
Response 99, 121
role 329
「routes」フォルダー 147
run 284

S

"scripts": 61
SELECT 279
send 123
sendFile 128
ServerResponse 109
SET DEBUG=my-express-server:* 145
slice 44
SQL 264
SQLite3 266
sqlite3.Database 270
statusCode 109
stop 338
stream 338

T

temperature 337
text 93
then 93, 200
top_p 337

U

UPDATE 298
url 116
user 338

V

VALUES 284
view engine 150
Visual Studio Code 16

W

WHERE 289
write 110
writeFile 71
writeFileSync 74
writeHead 109

X

XML 223

XMLHttpRequest 198

あ行

ウェルカムページ 25

エクスプローラー 26

エコーバック 86

エラーハンドラ 72

オープンソース 317

か行

クエリ 280

クエリパラメータ 123

クロスオリジンリクエスト 104

コールバック 52

さ行

三項演算子 165

シード 274

ステートメント 272

ストリーム 86

静的ファイル 132

セッション 243

た行

ターミナル 29

テーブル 271

テンプレートエンジン 148

テンプレートファイル 159

テンプレートリテラル 165

同一オリジン 104

な行

ネットワーク 91

は行

配色テーマ 28

非同期メソッド 52

プライマリキー 273

ま行

ミドルウェア 134

ら行

レンダリング 153

論理積 307

論理和 127

347

著者紹介

掌田 津耶乃(しょうだ つやの)

日本初のMac専門月刊誌「Mac+」の頃から主にMac系雑誌に寄稿する。ハイパーカードの登場により「ビギナーのためのプログラミング」に開眼。以後、Mac、Windows、Web、Android、iPhoneとあらゆるプラットフォームのプログラミングビギナーに向けて書籍を執筆し続ける。

■近著
「Python in Excelではじめるデータ分析入門」(ラトルズ)
「ChatGPTで学ぶJavaScript&アプリ開発」(秀和システム)
「Google AI Studio超入門」(秀和システム)
「ChatGPTで身につけるPython」(マイナビ出版)
「AIプラットフォームとライブラリによる生成AIプログラミング」(ラトルズ)
「Amazon Bedrock超入門」(秀和システム)
「Next.js超入門」(秀和システム)

●著書一覧
https://www.amazon.co.jp/-/e/B004L5AED8/

●ご意見・ご感想の送り先
syoda@tuyano.com

ChatGPTで学ぶ
Node.js&Webアプリ開発

発行日　2024年　9月15日　　　第1版第1刷

著　者　掌田　津耶乃

発行者　斉藤　和邦

発行所　株式会社　秀和システム
　　　　〒135-0016
　　　　東京都江東区東陽2-4-2　新宮ビル2F
　　　　Tel 03-6264-3105（販売）Fax 03-6264-3094

印刷所　三松堂印刷株式会社

©2024 SYODA Tuyano　　　　　　　　　Printed in Japan
ISBN978-4-7980-7319-4 C3055

定価はカバーに表示してあります。
乱丁本・落丁本はお取りかえいたします。
本書に関するご質問については、ご質問の内容と住所、氏名、電話番号を明記のうえ、当社編集部宛FAXまたは書面にてお送りください。お電話によるご質問は受け付けておりませんのであらかじめご了承ください。